1+X 职业技能等级证书培训考核配套教材
职业教育增材制造技术专业系列教材

增材制造模型设计（高级）

北京赛育达科教有限责任公司　组　编

主　编　高志华　周　强　王志强

副主编　刘　琼　门正兴　章　青　耿东川
　　　　陈玲芝　陆军华

参　编　吕紫微　潘　露　刘欣宁　张玉华
　　　　王　璇　余敏霞　申军伟　白　丽
　　　　陈　飞　李文超　肖方敏　苏凯元
　　　　徐东旭　李晓明　李大荣　冯　硕

机械工业出版社
CHINA MACHINE PRESS

本书是1+X增材制造模型设计职业技能等级证书标准的课证融通教材，内容对应增材制造模型设计高级证书的设计部分。书中从增材制造模型设计应用能力要求出发，依据产品开发流程设计任务，主要包括产品结构设计概述、三维逆向数据采集与处理、三维逆向模型重构、产品结构优化设计、三维模型可视化、三维数字化检测等，旨在培养学生完成增材制造模型结构设计、数据采集与处理、逆向设计、模型可视化与数字化检测等工作任务的能力。

本书采用"校企合作"模式，同时运用了"互联网+"形式，书中选取了典型案例和全国职业院校技能大赛最新赛题，为重要知识点设置了二维码，数字化资源丰富，并融入了职业素养内容，具有鲜明的实用性、职业性与实践性，使学生可在较短的时间内获得增材制造模型设计高级证书设计部分的应用能力。

本书可供职业院校机械、机电、模具、汽车等相关专业开展书证融通、进行模块化教学及考核评价使用，也可供从事材料成形及控制工程、模具设计与制造等领域工作的工程技术人员参考。

为便于教学，本书配套有电子课件、微课视频、习题库等教学资源，凡选用本书作为授课教材的教师可登录www.cmpedu.com注册后免费下载。

图书在版编目（CIP）数据

增材制造模型设计：高级 / 高志华，周强，王志强主编 . —北京：机械工业出版社，2022.9
1+X 职业技能等级证书培训考核配套教材
ISBN 978-7-111-71345-6

Ⅰ . ①增… Ⅱ . ①高… ②周… ③王… Ⅲ . ①快速成型技术 – 职业技能 – 鉴定 – 教材 Ⅳ . ① TB4

中国版本图书馆 CIP 数据核字（2022）第 138857 号

机械工业出版社（北京市百万庄大街 22 号　邮政编码 100037）
策划编辑：黎 艳　　　　　责任编辑：黎 艳
责任校对：张 征 刘雅娜　封面设计：张 静
责任印制：常天培
北京铭成印刷有限公司印刷
2023 年 1 月第 1 版第 1 次印刷
210mm × 285mm・14.25 印张・457 千字
标准书号：ISBN 978-7-111-71345-6
定价：49.00 元

电话服务　　　　　　网络服务
客服电话：010-88361066　机 工 官 网：www.cmpbook.com
　　　　　010-88379833　机 工 官 博：weibo.com/cmp1952
　　　　　010-68326294　金 书 网：www.golden-book.com
封底无防伪标均为盗版　机工教育服务网：www.cmpedu.com

前　言

增材制造技术被列入"十四五"战略性新兴产业的科技前沿技术，是推动智能制造的关键技术。产业发展靠人才，人才培养靠教育。为了更好地发挥职业教育作用，服务国家战略，根据国务院出台的《国家职业教育改革实施方案》（简称职教20条），教育部启动了"学历证书＋若干职业技能等级证书"（简称1+X证书）制度试点工作，以期更好地对接行业企业对技术技能型人才需求，不断提升技术技能型人才培养质量，为产业转型升级储备高素质复合型技术技能人才。

增材制造模型设计职业技能等级证书主要面向增材制造模型设计领域的产品设计与制造、设备制造与维修、行业应用、技术服务和衍生服务等企业的产品设计、增材制造工艺设计、增材制造设备操作、质量与生产管理等岗位，持证人员可从事三维建模、数据处理、产品优化设计、增材制造工艺制订、3D打印件制作、产品质量分析检测等工作，也可从事增材制造技术推广、实验实训和3D打印教育科普等工作。

为支持增材制造模型设计职业技能等级证书培训与考核，由北京赛育达科教有限责任公司组织，相关院校和企业的技术专家参与，共同开发了系列教材。该系列教材的特点是针对证书标准和考核要求，采取"项目引领、任务驱动"设计内容结构，通过知识点、案例、实际操作的有机结合，强化学生对增材制造技术的理解，培养学生的实际应用和实践能力。

本书具有以下特色：

1. 紧扣证书标准要求，以"流程"为脉络设计任务

内容对应增材制造模型设计高级证书的设计部分，在编写过程中，从增材制造模型设计应用能力要求出发，依据产品开发流程设计任务，强化技术应用，使学生可在较短的时间内获得增材制造模型设计高级证书设计部分的应用能力。

2. 精选技能大赛最新赛题及经典案例，设计思路具有代表性

三维数据采集与逆向设计部分案例选取了全国职业院校技能大赛"工业设计技术"赛项赛题，结构优化设计部分案例选取了全国大学生先进成图技术与产品信息建模创新大赛赛题，综合案例选取了一带一路暨金砖国家技能发展与技术创新大赛"3D打印造型技术"赛项经典案例。

3. 校企合作，共同开发立体化教材

在教材开发过程中，得到了安徽三维天下科技股份有限公司、杭州中测科技有限公司的支持，邀请了工程技术人员参与教材案例选取、立体化资源的建设工作。

4. 精选职业素养案例，提升学生的综合技能和职业素养

精选融入科研精神、劳模精神、大国工匠、职业素养、创新意识等元素的案例，引导学生坚定技能报国的理想信念，传承工匠精神，提升综合技能和职业素养。

5. 数字化资源丰富，方便学生学习

教材附有多媒体教学课件，配有设备操作、案例实施方面的微课视频，以及案例和练习的数据模型，以方便学生自主学习和练习。

本书编写团队由一线骨干教师和企业资深技术人员组成，由高志华、周强、王志强主编。本书在编写过程中得到了河南工业职业技术学院朱成俊教授有益的建议和意见，安徽三维天下科技股份公司和杭州中测科技有限公司的技术人员为本书提供了专业的指导和帮助，在此一并表示感谢！

由于编者水平有限，书中难免存在不当之处，恳请读者予以批评指正。

编　者

二维码索引

（续）

序号	名称	二维码	页码	序号	名称	二维码	页码
17	应用【装配序列（Sequence）】命令制作动画的过程		149	26	快速入门案例——航空发动机分析报告生成		177
18	扫描仪设备连接		153	27	汽车模型检测对比		188
19	扫描仪的标定		156	28	吸尘器模型数字化检测		189
20	Scan Viewer 软件操作界面简介		163	29	剃须刀模型数字化检测		189
21	快速入门案例——航空发动机数据采集		166	30	摄像头模型导入及对齐坐标系		207
22	快速入门案例——航空发动机数据处理及网格化		168	31	摄像头模型领域组划分		207
23	快速入门案例——航空发动机点云对齐		172	32	摄像头模型主体创建		207
24	快速入门案例——航空发动机 3D 比较		174	33	摄像头模型特征创建		207
25	快速入门案例——航空发动机 2D 比较		175	34	摄像头模型数字化检测		207

目　录

产品结构设计概述

> ## 知识目标：
> 1）了解产品结构设计的概念和基本原则。
> 2）掌握产品结构设计的基本要求和设计准则。
>
> ## 技能目标：
> 1）能够了解产品结构设计的概念和基本原则。
> 2）能够掌握产品结构设计的设计准则和方法。
>
> ## 素养目标：
> 1）具有历史使命感和民族自豪感，树立明确的职业目标。
> 2）具有专注、精益求精、一丝不苟、追求卓越的工匠精神。
> 3）具有团队协作精神，遵守职业道德，具有良好的职业素养。
> 4）具有爱岗敬业、争创一流、艰苦奋斗、勇于创新、淡泊名利、甘于奉献的劳模精神，具备一定的创新思维能力和知识迁移能力。

考核要求

完成本项目学习内容，能够了解产品结构设计的概念、原则和设计方法，能够对产品进行结构分析。

必备知识

1.1 产品结构设计的概念和基本原则

1. 产品结构设计的概念

随着科学技术的发展和物质资源的极大丰富，人们对于工业产品有了更高的需求，这也推动了工业向自动化、智能化方向发展。在此发展趋势下，增材制造技术应运而生，为产品设计提供了更加高效和自由的设计手段，并以此更好地满足用户需求。产品设计相关企业作为将设计转化为实物的重要渠道，将增材制造、新材料、工业设计、认知心理学及其相关方法与技术进行融合，将会为未来智造时代的敏捷设计开拓新的途径。

产品设计的最终结果是以一定的结构形式表现出来的，按所设计的结构进行加工、装配，制造成最终的产品。产品实现其各项功能依赖于合理的结构设计。产品结构设计是机械设计的基本内容之一，也是整个产品设计过程中最复杂的工作环节之一，在产品形成过程中起着至关重要的作用。

产品结构设计是将抽象的原理方案具体化为某类构件或零部件，其具体内容包括对零件或部件的形状、尺寸、连接方式、连接顺序、数量等内容的确定，用以实现机械的工作要求。结构设计不是简单重复的操作性工作，而是创造性工作，巧妙的构型与组合是创造性结构设计的核心。

2. 产品结构设计的基本特征

（1）创新性　创新是设计的灵魂。只有创新，才有可能得到结构新颖、性能优良、价格合理且富有竞争力的机械产品。这里的创新可以是多层次的，有功能层次的创新、原理层次的创新、结构层次的创新和设计理念的创新。

（2）多样性　多样性主要体现在设计路径的多样化和设计结果的多样化。不同的功能定义、功能分解和工作原理等会产生完全不同的设计思路和设计方法，从而在功能载体的设计上产生完全不同的解决方案，实现产品的创新。

（3）层次性　一方面，设计分别作用于功能层和结构层，完成由功能层向结构层映射；另一方面，在功能层和结构层中又有自身的层次关系。功能的层次性决定了结构的层次性，不同层次的功能对应不同层次的结构。

3. 产品结构设计的基本原则

（1）需求原则　市场需求是产品设计的出发点，没有市场需求，就没有功能要求，也就没有产品设计要解决的问题和约束条件。开发出的产品必须具有使用价值，符合市场需求，有较大的市场潜力和乐观的市场前景。

（2）适应原则　产品设计既要适应市场需求，也要与生产发展需求相适应，符合现有的技术条件和生产条件，能与现有的生产和推广产品的原材料、厂房、生产设备、技术人才等生产要素相适应。

（3）经济效益原则　良好的经济效益是进行产品设计的根本动力。产品设计应与预期效益联系在一起，以最小的研发成本获得符合需要的产品方案。

（4）生态（绿色）原则　应着眼于人与自然的生态平衡关系，在产品生产及消费过程中实现资源的充分合理利用，充分考虑产品的回收、再生循环和重新利用，协调地融入自然，以确保人类社会可持续发展。

（5）材料选用原则　根据产品中的各类功能载体的结构构成，合理选择材料，尽量选择新型材料、轻型材料或用塑料代替金属，以减小产品的质量和体积，节省能源。

（6）人性化原则　这一原则综合了产品的安全性、便利性、舒适性和鉴赏性等要求，不仅要求维护产品生产者和使用者的利益，还要求产品符合人机工程学、美学等的有关原理，以使产品安全可靠、操作方便、使用舒适宜人，为产品生产者和用户创造良好的作业与使用环境。

1.2　产品结构设计的基本要求和设计准则

1. 产品结构设计的基本要求

机械产品应用于各行各业，其结构设计的内容和要求也是千差万别，但都有一些共性部分。下面从三个层次来说明对机械产品结构设计的要求。

（1）功能设计　满足产品主要机械功能要求，如工作原理的实现，保证工作的可靠性，工艺、材料和装配方式的选择等方面。

（2）质量设计　兼顾各种要求和限制，提高产品的质量和性能价格比，这是现代产品工程设计的主要特征，包括产品外形、成本、安全、环保等众多其他要求和限制因素。

（3）优化设计和创新设计 采用结构设计变结构变参数等方法系统地构造和优化设计空间，用创造性设计思维方法和其他科学方法进行产品优化和创新。

产品质量的提高永无止境，市场竞争日趋激烈，用户需求向个性化方向发展。因此，优化设计和创新设计在现代机械设计中的作用越来越重要，它们将是未来技术产品开发的竞争焦点。所设计的产品及其机械结构能否在满足技术性能要求的前提下，采用最合理的工艺方法和流程，最经济地进行生产，即所谓结构工艺性问题，须给予极大的重视。

2. 机械结构基本设计准则

机械结构设计应满足产品的多方面要求，基本要求有功能性、可靠性、工艺性、经济性和外观造型等方面的要求。此外，还应改善机械零件的受力情况，提高其强度、刚度、精度和使用寿命。因此，机械结构设计是一项综合性的技术工作。

由于结构设计上的错误或不合理，可能会造成机械零部件失效，使机器达不到设计精度和要求，给装配和维修带来极大的不便，因此，机械结构设计过程中应考虑以下结构设计准则。

（1）实现预期功能的设计准则 产品设计的主要目的是实现预定的功能要求，因此，实现预期功能的设计准则是结构设计首先需要考虑的问题。要满足功能要求，必须做到以下几点：

1）明确功能。结构设计是根据零部件在机器中的功能及其与其他零部件的相互连接关系，确定参数尺寸和结构形状。零部件的主要功能有承受载荷、传递运动和动力，以及保持有关零件或部件之间的相对位置或运动轨迹等。设计的结构应能满足从机器整体考虑对它的功能要求。

2）功能的合理分配。在产品设计时根据具体情况，通常有必要将任务进行合理的分配，即将一个功能分解为多个分功能。每个分功能都要有确定的结构来承担，各部分结构之间应具有合理、协调的关系，以实现总的功能。多零件承担同一功能可以减轻零件负载，延长其使用寿命。

例如，若只靠螺栓预紧产生的摩擦力来承受横向载荷，会使螺栓的尺寸过大，可增加抗剪元件，如销、套筒和键等，以分担横向载荷来解决这一问题。

3）功能集中。为了简化机械产品的结构、降低加工成本、便于安装，在某些情况下，可由一个零件或部件承担多个功能。功能集中会使零件的形状更加复杂，因此要有度，否则反而会影响加工工艺、增加加工成本，设计时应根据具体情况而定。

（2）满足强度要求的设计准则

1）等强度准则。零件横截面尺寸的变化应与其内应力变化相适应，使各横截面上的强度相等。按等强度准则设计的结构，材料可以得到充分的利用，从而减轻重量、降低成本。工程中大量出现的变截面梁就是按照等强度准则来设计的，如悬臂支架（图 1-1a）、阶梯轴（图 1-1b）的设计等。

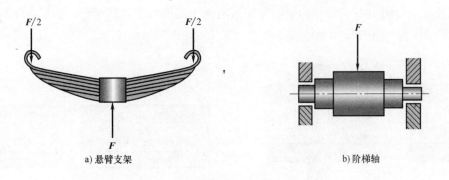

a) 悬臂支架　　　　　　　　　　　　　b) 阶梯轴

图 1-1 悬臂支架、阶梯轴的设计

2）减少应力集中。应力集中是影响零件疲劳强度的重要因素。结构设计时，应尽量避免或减少应力集中，如增大过渡圆角、采用卸载结构等，如图 1-2 所示。

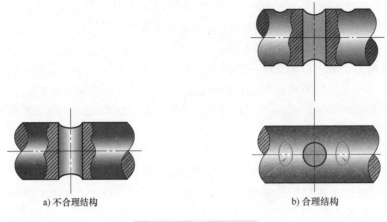

a) 不合理结构   b) 合理结构

图 1-2　减少应力集中

（3）满足结构刚度的设计准则　为保证零件在使用期限内正常地实现其功能，必须使其具有足够的刚度。

（4）考虑加工工艺的设计准则　机械零部件结构设计的主要目的是：保证其功能的实现，使产品达到要求的性能。但是，结构设计的结果对产品零部件的生产成本及质量有着不可低估的影响。因此，在结构设计中应力求使产品具有良好的加工工艺性。

所谓好的加工工艺，指的是零部件的结构易于加工制造。任何一种加工方法都有可能无法制造某些结构的零部件，或因为生产成本很高，或因为质量受到影响。因此，作为设计人员，掌握加工方法的特点非常重要，这可以保证在设计结构时尽可能地扬长避短。

生产实际中零部件的结构工艺性受到诸多因素的制约。例如：生产批量的大小会影响坯件的生成方法，生产设备的条件可能会限制工件的尺寸。此外，产品造型、精度、热处理方法、成本等方面都有可能对零部件结构的工艺性有制约作用。结构设计中应充分考虑上述因素对工艺性的影响。

（5）考虑装配的设计准则　装配是产品制造过程中的重要工序，零部件的结构对装配的质量、成本有直接的影响。有关装配的结构设计准则简述如下。

1）合理划分装配单元。整机应能分解成若干可单独装配的单元（部件或组件），以实现平行且专业化的装配作业，缩短装配周期，并且便于逐级进行技术检验和维修。

2）使零部件得到正确安装。

① 保证零件定位准确。图 1-3 所示的两法兰盘采用普通螺栓连接。图 1-3a 所示结构无径向定位基准，装配时不能保证两孔的同轴度；图 1-3b 所示结构以相配的圆柱面为定位基准，结构合理。

② 避免双重配合。图 1-4a 所示结构中的零件 A 有两个端面与零件 B 配合，由于存在制造误差，不能保证零件 A 的正确位置；图 1-4b 所示结构合理。

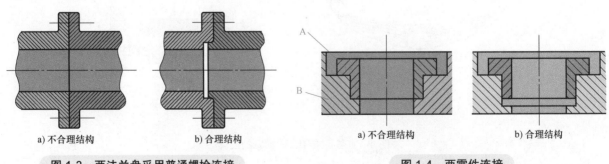

a) 不合理结构　　　　　b) 合理结构

图 1-3　两法兰盘采用普通螺栓连接

a) 不合理结构　　　　b) 合理结构

图 1-4　两零件连接

③ 防止装配错误。图 1-5 所示轴承座采用两个销定位。图 1-5a 所示结构中两个销反向布置，与螺栓的距离相等，装配时很可能将支座旋转 180° 安装，导致座孔中心线与轴的中心线位置偏差增大。因此，应将

两定位销布置在同一侧（图 1-5b），或使两定位销与螺栓的距离不等（图 1-5c）。

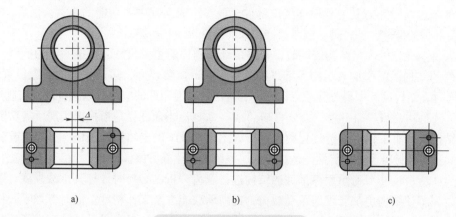

a)　　　　　　　　　　　　　b)　　　　　　　　　　　　　c)

图 1-5 轴承座上销的定位

3）使零部件便于装配和拆卸。在结构设计中，应保证有足够的装配空间，如扳手空间；避免配合过长，以免增加装配难度，使配合面擦伤，如阶梯轴的设计；为便于拆卸零件，应留出安放拆卸工具的位置，如轴承的拆卸，如图 1-6 所示。

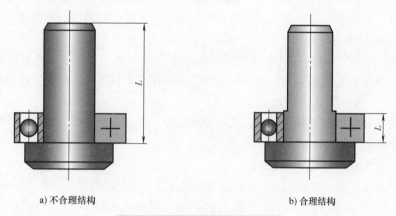

a) 不合理结构　　　　　　　　　　　　　b) 合理结构

图 1-6 零部件便于装配和拆卸

（6）考虑产品造型的设计准则　产品的设计不仅要满足功能要求，还应考虑造型的美学价值，使之对人产生吸引力。从心理学角度看，人们 60% 的决定取决于第一印象。机械产品的社会属性是商品，在买方市场的时代，为产品设计能吸引顾客的外观也是一个重要的设计要求。

外观设计包括三个方面：造型、颜色和表面处理。考虑外观造型时，应注意以下三个问题：

1）尺寸比例协调。在结构设计时，应注意保持外形轮廓各部分尺寸之间均匀协调的比例关系，应有意识地应用黄金分割法来确定尺寸，使产品造型更具美感。

2）形状简单统一。机械产品的外形通常由各种基本的几何形体（长方体、圆柱体、圆锥体等）组合而成。在结构设计时，应使这些形体配合适当，基本形状应在视觉上平衡，否则接近对称又不完全对称的外形易产生倾倒的感觉；尽量减少形状和位置的变化，避免过分凌乱；应有利于改善加工工艺。

3）色彩、图案的支持和点缀。在机械产品表面涂漆，除具有防止腐蚀的功能外，还可增强视觉效果。恰当的色彩可降低操作者眼睛的疲劳程度，并能提高对设备显示信息的辨别能力。

3. 机械结构设计的工作步骤

不同类型的机械结构在设计中具体情况的差别很大，没有必要以某种步骤按部就班地进行。结构设计过程是绘图、计算、综合分析三者相结合的过程，其步骤如下。

（1）理清主次、统筹兼顾　明确待设计结构件的主要任务和限制因素，将其功能分解成几个子功能。然后从实现机器主要功能（指机器中对实现能量或物料转换起关键作用的基本功能）的零部件入手，通常先从实现功能的结构表面开始，考虑它与其他相关零件的相互位置、连接关系，逐渐同其他表面一起连接成一个零件，再将这个零件与其他零件连接成部件，最终组成实现主要功能的机器。而后，再确定次要、补充或支持主要部件的部件，如密封、润滑及维护保养部件等。

（2）绘制草图　在分析确定结构的同时，粗略估算结构件的主要尺寸，并按一定的比例，通过绘制草图来初定零部件的结构。图中应表示出零部件的基本形状、主要尺寸、运动构件的极限位置、空间限制、安装尺寸等。同时，结构设计中要充分注意标准件、常用件和通用件的应用，以减少设计与制造的工作量。

（3）对初定的结构进行综合分析，确定最后的结构方案　综合过程是指找出实现所需功能和目的的各种可供选择的结构的所有工作。分析过程则是评价、比较并最终确定结构的工作。可通过改变工作面的大小、方位、数量及构件材料、表面特性、连接方式，系统地产生新方案。

（4）结构的计算与改进　对承载零部件的结构进行载荷分析，必要时计算其承载强度、刚度、耐磨性等内容，并通过完善使结构更加合理地承受载荷，提高承载能力及工作精度。同时考虑零部件的装拆、材料、加工工艺的要求，对结构进行改进。在实际的结构设计中，设计者应对设计内容进行想象和模拟，要在头脑中从各种角度考虑问题，想象可能出现的问题，这种想象的深度和广度对结构设计的质量起着十分重要的作用。

（5）结构的完善　按技术、经济和社会因素不断完善，寻找所选方案中的缺陷和薄弱环节，对照各种要求和限制反复改进。考虑零部件的通用化、标准化，减少零部件的品种，降低生产成本。在结构草图中注出标准件和外购件。重视安全与劳保（即劳动条件：操作、观察、调整是否方便省力，发生故障时是否易于排查、噪声等），对结构进行完善。

（6）形状的平衡与美观　要考虑从不同位置观察物体是否匀称、美观。外观不均匀会造成材料或机构的浪费。出现惯性力时会失去平衡，在很小的外部干扰力作用下就可能失稳，抗应力集中和抗疲劳性能也弱。

总之，机械结构设计的过程是从内到外、从主要到次要、从局部到总体、从粗略到精细，需要权衡利弊，反复检查，逐步改进。

4. 产品结构创新设计的类型

根据设计内容和特点，产品结构创新设计可分为开发设计、变异设计和逆向设计三种类型。

（1）开发设计　针对新任务，提出新方案，完成从产品规划、方案设计、技术设计到施工设计的全过程。

（2）变异设计　在已有产品的基础上，针对原有缺点或新的工作要求，从工作原理、结构、参数、尺寸等方面进行一定的改变，设计新产品以适应市场需要，提高竞争力。如在基本型产品的基础上，开发不同参数、尺寸、功能或性能的变型系列产品，就是变异设计的结果。

（3）逆向设计　针对已有的先进产品或设计进行数字化处理，探索并掌握其关键技术，在消化、吸收的基础上，重新构造实物模型，开发出同类型的创新产品。

开发设计是开创、探索创新，变异设计是变形创新，逆向设计是在吸取中逆向创新。创新是设计的生命力所在，为此，设计人员必须具有创造性思维，掌握基本设计规律和方法，在实践中不断提高创新设计能力。

小结

机械结构设计在机械设计中起着举足轻重的作用。机械产品结构设计是将抽象的原理方案具体化为某类构件或零部件，具体内容包括对零件或部件的形状、尺寸、连接方式、连接顺序、数量等内容的确定，用以实现机械的工作要求。产品结构设计的基本特征具有创新性、多样性和层次性。

产品结构设计要满足功能要求和质量要求，在此基础上进行优化设计和创新设计。

结构设计上的错误或不合理，可能会造成零部件失效，使机器达不到设计精度和要求，给装配和维修带来极大的不便。因此，机械结构设计过程中应考虑设计准则，分别是实现预期功能的设计准则、满足强度要求的设计准则、满足结构刚度的设计准则、考虑加工工艺的设计准则、考虑装配的设计准则、考虑产品造型的设计准则。

根据设计内容的特点，产品结构创新设计可分为开发设计、变异设计和逆向设计三种类型。

课后练习与思考

1. 简述产品结构设计的概念。
2. 简述产品结构设计的基本原则。
3. 简述产品结构设计的设计准则。

素养园地

伟大的思想家马克思说过："在科学上没有平坦的大道，只有不畏劳苦沿着陡峭山路攀登的人，才有希望达到光辉的顶点。"想要做好科研工作，科研人员应具有排除外在世界中功名利禄干扰的定力，应有"十年磨一剑"的勇气。科学研究是一项创造性的活动，创造的过程需要经历艰苦的思维活动和脑力活动，要求创造者有持之以恒的精神、能够忍受常人难以忍受之寂寞的决心。因此，在日常的设计训练中，应充分发挥主观能动性，独立自主地开展设计工作。只有经过这样不断的训练，培养自主的担当精神，才能在未来成为自己人生的主人，为祖国建设和民族振兴做出贡献。

三维逆向数据采集与处理

> ## 知识目标：
> 1）掌握逆向工程的概念。
> 2）掌握三维逆向数据采集工作过程。
> 3）理解三维逆向数据处理工作过程。
>
> ## 技能目标：
> 1）能够根据产品结构及特征选择正确的扫描方法。
> 2）能够正确采集产品的三维轮廓数据。
> 3）能对数据进行冗余点、噪音点的去除，对数据进行平滑处理。
> 4）能对数据进行简化三角网格、松弛、填充孔、去除特征等操作，得到重构的三维模型。
>
> ## 素养目标：
> 1）具备发现问题、分析问题、解决问题的能力。
> 2）具有诚信待人、与人合作的团队协作精神。
> 3）具有认真严谨的工作态度和良好的职业行为习惯，树立安全环保和质量成本意识。

考核要求

完成本项目学习内容，能够扫描中等复杂曲面实体三维轮廓数据并进行正确处理，得到重构的三维模型。

必备知识

2.1 三维逆向数据采集

2.1.1 数据采集流程

1. 逆向工程技术

逆向工程（Reverse Engineering，RE），也称反求工程、反向工程，是通过各种测量手段及三维几何建模方法，将原有实物转化为三维数字模型，并对模型进行优化设计、分析和加工的过程。

产品的传统设计过程是基于功能和用途，从概念出发绘制出产品的二维图样，而后制作三维几何模型，经审查满意后再制造出产品，采用的是从抽象到具体的思维方法，如图 2-1 所示。

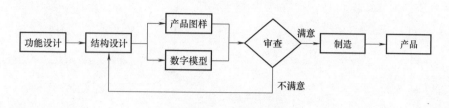

图 2-1　传统设计过程

在产品开发过程中，由于其形状复杂，包含许多自由曲面，很难通过计算机直接建立数字模型。通常需要基于物理模型（样品）或参考原型进行分析、改造或工业设计。例如，车身的设计和覆盖件的制造通常先由工程师通过手工制作油泥或树脂模型来形成原型，然后使用三维测量方法来获得原型的数字模型，最后是零件设计、有限元分析、模型修改、误差分析和数控加工等。

应用逆向工程技术开发产品一般采用以下工艺路线：首先用三维数字化测量仪器准确快速地测量出轮廓坐标值，并构建曲面，经编辑、修改后将图样转换为一般的 CAD 文件，再经由 CAM 系统生成刀具的 NC 加工路径送至 CNC 加工及制造所需模具，或者以快速原型制造技术（3D 打印，即增材制造技术）将样品模型制造出来。其具体工艺路线如图 2-2 所示。

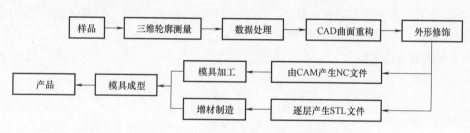

图 2-2　逆向工程开发产品的工艺路线

2. Win3DD 单目三维扫描仪硬件结构

Win3DD 系列产品是安徽三维天下公司自主研发的高精度三维扫描仪，在延续了经典双目系列产品技术优势的基础上，对外观、结构、软件功能和附件配置进行了大幅升级，除具有高精度的特点之外，还具有易学、易用、便携、安全、可靠等特点，该扫描仪实物和结构如图 2-3 和图 2-4 所示。

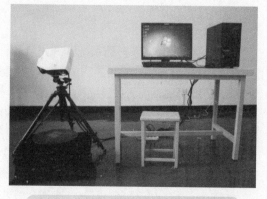

图 2-3　Win3DD 单目三维扫描仪实物

（1）扫描头　使用注意事项如下：

1）避免扫描系统发生碰撞，造成不必要的硬件系统的损坏或影响扫描数据质量。

2）禁止触碰相机镜头和光栅投射器镜头。

3）扫描头扶手仅在云台对扫描头做上下、水平、左右调整时使用。

4）严禁在搬运扫描头时使用此扶手。

（2）云台　调整云台旋钮，可使扫描头上下、左右、水平方向转动。

（3）三脚架　调整三脚架旋钮，可对扫描头高度进行调整。

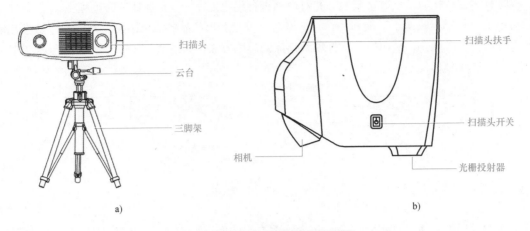

a)   b)

图 2-4　Win3DD 硬件系统结构

注意：云台和三脚架在角度、高度调整结束后，一定要将各方向的螺钉锁紧，否则可能会由于固定不紧而造成扫描头内部器件发生碰撞，导致硬件系统损坏；也可能在扫描过程中出现硬件系统晃动，对扫描效果产生影响。

3. 设备标定

（1）标定介绍　相机参数标定是保证整个扫描系统精度的基础，因此，扫描系统在安装完成后，第一次扫描前必须进行标定。另外，在以下几种情况下也要进行标定：

1）对扫描系统进行远途运输。

2）对硬件进行调整。

3）硬件发生碰撞或者严重振动。

4）设备长时间不使用。

（2）标定过程

微课视频直通车 01：
　　Win3DD 三维扫描仪标定方法

1）启动 Wrap 三维扫描系统。首先启动计算机、三维扫描仪，使三维扫描仪预热 5~10min，以保证标定状态与扫描状态尽可能相近。单击 Wrap 图标启动 Geomagic Wrap 软件，再单击【采集】→【扫描】，进入 Wrap 三维扫描系统软件界面，单击【视图】切换为标定界面。

2）调整扫描距离。将标定板放置在视场中央，通过调整扫描头的高度及俯仰角，使两个十字中心尽可能重合，如图 2-5 所示。

3）开始标定。根据 Wrap 三维扫描系统软件界面右侧【显示帮助】区域提示，开始标定过程。

步骤一：将标定板水平放置，调整扫描距离后单击【标定步骤 1】，完成标定步骤 1，如图 2-6 所示。

步骤二：标定板不动，调整三脚架，升高扫描头高度 40mm，满足要求后单击【标定步骤 2】，完成标定步骤 2，如图 2-7 所示。

步骤三：标定板不动，调整三脚架，使扫描头高度降低 80mm，单击【标定步骤 3】；然后再次调整三脚架，将扫描头升高 40mm，如图 2-8 所示。

步骤四：扫描头高度不变，将标定板旋转 90°，垫起与相机同侧下方一角，角度约为 20°，让标定板正对光栅投射器，如图 2-9 所示。

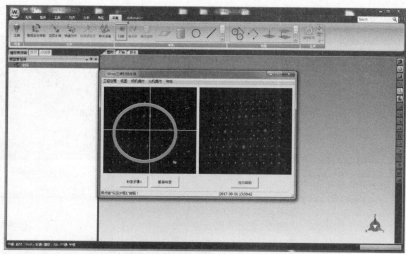

图 2-5　相机扫描距离调整

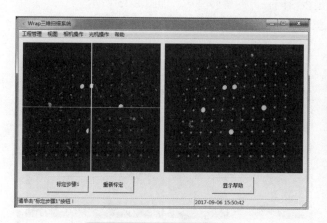

图 2-6　相机标定步骤一

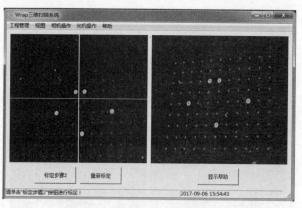

图 2-7　相机标定步骤二

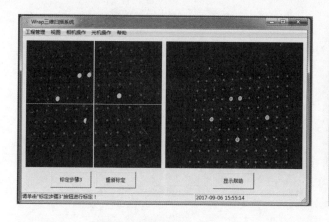

图 2-8　相机标定步骤三

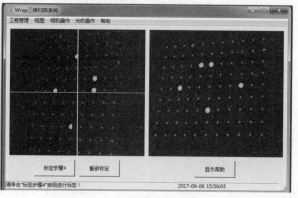

图 2-9　相机标定步骤四

步骤五：扫描头高度不变，垫起角度不变，将标定板沿同一方向旋转 90°，如图 2-10 所示。

步骤六：扫描头高度不变，垫起角度不变，将标定板沿同一方向旋转 90°，如图 2-11 所示。

步骤七：扫描头高度不变，将标定板沿同一方向旋转 90°，垫起与相机异侧一边，角度约为 30°，让标定板正对相机，如图 2-12 所示。

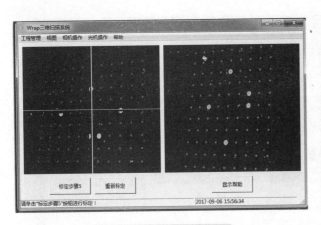

图 2-10　相机标定步骤五　　　　　　　　图 2-11　相机标定步骤六

步骤八：扫描头高度不变，垫起角度不变，将标定板沿同一方向旋转 90°，如图 2-13 所示。

步骤九：扫描头高度不变，垫起角度不变，将标定板沿同一方向旋转 90°，如图 2-14 所示。

步骤十：扫描头高度不变，垫起角度不变，将标定板沿同一方向旋转 90°，如图 2-15 所示。

4）显示结果。上述 10 步全部完成后，标定信息显示区将给出标定结果，如图 2-16 所示。如果标定不成功，会提示"标定误差较大，请重新标定"。

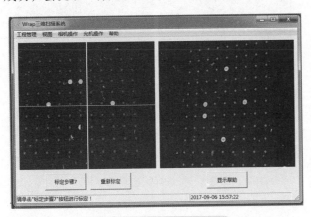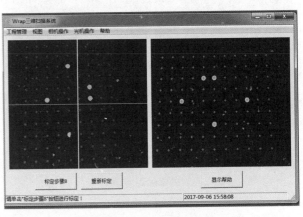

图 2-12　相机标定步骤七　　　　　　　　图 2-13　相机标定步骤八

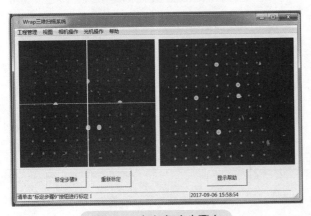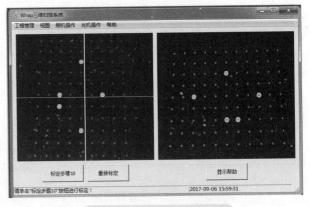

图 2-14　相机标定步骤九　　　　　　　　图 2-15　相机标定步骤十

计算标定参数执行完毕！标定结果平均误差：0.018

图 2-16　相机标定结果

　　注意：标定的每一步都要将标定板上至少 88 个标志点提取出来才能继续进行下一步标定。如果最后计算得到的误差结果太大，标定精度不符合要求时，则需要重新标定，否则会得到无效的扫描精度与点云质量，如图 2-17 所示。

　　扫描过程中应避免扫描头晃动，以免对扫描结果产生影响。

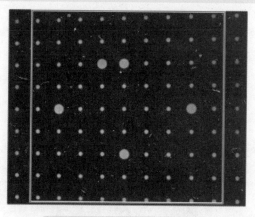

图 2-17　标定点最少提取范围

4. 扫描方法

（1）注意事项

1）扫描过程中应避免扫描仪振动，同时被扫描工件也须保持静止状态。

2）扫描时外部环境光线不要太强，暗室操作效果更佳。

3）扫描物体表面须光滑，否则后期处理会清理不干净。

（2）扫描前处理

1）工件表面处理。工件的表面质量对扫描效果有较大影响，只有光亮但不反光的表面适合扫描，如木雕类、陶瓷类工件等。如果扫描工件的表面太吸光或者太反光，则必须用显像剂进行处理，如图 2-18a、b

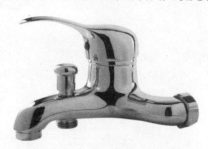

a) 反光物体

b) 深色物体

c) 表面处理工具

d) 显像剂喷涂方法

图 2-18　工件表面处理

所示。另外，要保证工件表面干净，无明显的污渍，同时要将工件放平稳。需要准备表面处理工具，如一次性手套、棉签、一次性口罩、显像剂等，如图 2-18c 所示。

显像剂喷涂方法：喷时，喷粉距离约为 30cm，在满足扫描要求的前提下尽可能薄且均匀，如图 2-18d 所示。

2）粘贴标志点。为了完整地扫描一个三维物体，通常需要在被扫描物体表面贴上标志点，以进行拼接扫描，要求标志点粘贴牢固、平整。标志点粘贴注意事项如下：

① 标志点尽量粘贴在平面区域或者曲率较小的曲面，且应距离工件边界较远一些，如图 2-19 所示。

② 标志点不要粘贴在一条直线上，且不要对称粘贴。

③ 公共标志点至少为 3 个，但因扫描角度等原因，一般以 5 ～ 7 个为宜。

④ 标志点应使相机在尽可能多的角度可以同时被看到。

⑤ 粘贴标志点要保证扫描策略的顺利实施，并使标志点在长度、宽度、高度上均等。

a) 错误

b) 正确

图 2-19　标志点粘贴方法

（3）扫描步骤

步骤一：新建工程。单击【新建工程】图标，弹出图 2-20 所示对话框。

扫描模式分为拼合扫描和非拼合扫描。

1）拼合扫描。一些较大的物体仅一次不能扫描完全部数据，可通过贴标志点，利用拼合扫描方式完成。

2）非拼合扫描。对于一些物体的扫描，只要扫描一面就能得到所需数据，此时需要使用非拼合扫描操作。

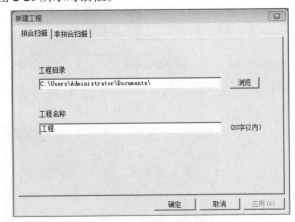

图 2-20　新建工程

步骤二：调整扫描距离。将被扫描工件放置在视场中央，单击【光机操作】→【投射十字】选项，通过云台调整扫描头的高度及俯仰角，使此十字与相机实时显示区中的十字中心尽量重合，并且保证十字尽量在被扫描工件上，如图 2-21 所示。

步骤三：调整相机参数。在 Wrap 三维扫描系统菜单栏中单击【相机操作】→【参数设置】，弹出【调整相机参数】对话框。可以通过对话框中的【曝光】【增益】与【对比度】选项来调整相机采集亮度。

步骤四：单帧扫描。单击【开始扫描】，系统将自动进行单帧扫描，并在【Wrap 图形显示框】中显示三维点云数据，如图 2-22 所示。

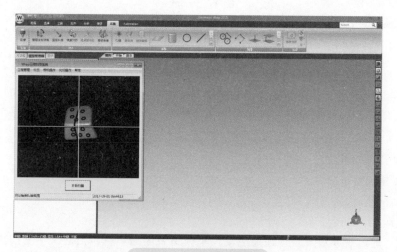

图 2-21　调整扫描距离

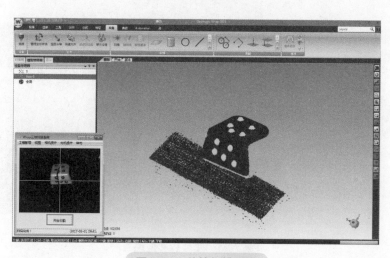

图 2-22　单帧扫描图像

步骤五：检查工程信息。每次单帧扫描完成后，都应该检查【模型管理器】中的工程信息，单击可显示各节点的含义。

步骤六：保存点云数据。将点云数据扫描完成后，在模型管理器中选择要保存的点云数据，单击【点】→【联合点对象】图标，将多组数据合并为一组数据；单击鼠标右键选择对话框中的【保存】图标，保存在指定的目录下，保存格式一般为".asc"，如图 2-23 所示。

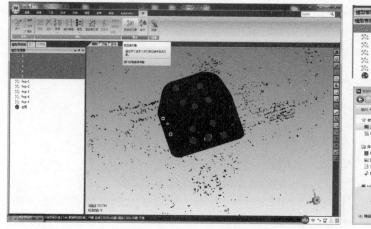

图 2-23　保存扫描数据

2.1.2 遥控电动汽车数据采集（2021年全国职业院校技能大赛赛题）

1. 扫描要求

利用标定成功的扫描仪和附件对遥控电动汽车外壳进行扫描，获取点云数据，并对获得的点云进行相应取舍，剔除噪音点和冗余点后，最后保存点云文件。

案例要求：

1）点云完整。

2）冗余点、噪音点尽量少。

3）点云分布尽量规整平滑。

4）保留其原始特征。

2. 汽车外壳扫描

（1）表面处理　通过观察后发现该遥控电动汽车模型表面为彩色，扫描仪不易扫描，影响了正常的扫描效果，所以采用喷涂一层显像剂的方式进行扫描，从而获得更加理想的点云数据，如图2-24所示。

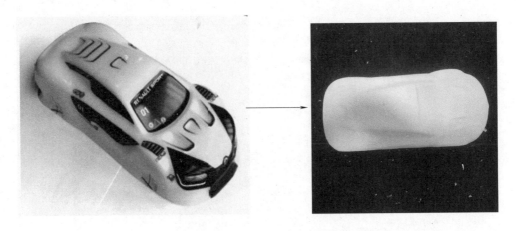

图2-24　模型表面处理

（2）粘贴标志点　由于只需要扫描该模型外壳的点云，所以不需要粘贴标志点，在转盘上粘贴足够的标志点即可。

（3）扫描

步骤一：新建工程。新建工程并命名，如"遥控电动汽车模型"。将遥控电动汽车模型放置在转盘上，确定转盘和遥控电动汽车模型在设备中间，尝试转动转盘一周，在Wrap三维扫描系统软件左侧实时显示区域进行检查，以保证能够扫描到整体；观察实时显示区域中遥控电动汽车模型的亮度，通过软件中的【设置相机曝光值】来调整亮度；检查扫描仪到被扫描物体的距离，此距离可以依据软件左侧实时显示区域的白色十字与黑色十字图形重合确定，重合时距离约为600mm，并且600mm高度的点云提取质量最好。所有参数调整好后，即可单击【开始扫描】，开始第一步扫描，如图2-25所示。

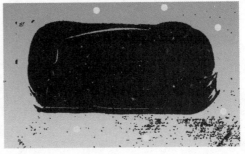

图2-25　遥控电动汽车扫描步骤一

步骤二：转动转盘一定角度，必须保证与上一步扫描有重合部分，这里说的重合是指标志点重合，即上一步和该步能够同时看到至少三个标志点（该单目设备为三点拼接，但是建议使用四点拼接），如图 2-26 所示。

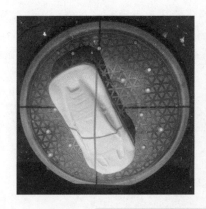

图 2-26　遥控电动汽车扫描步骤二

步骤三：与步骤二类似，向同一方向继续转动转盘一定角度并扫描，如图 2-27 所示。

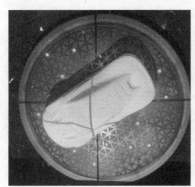

图 2-27　遥控电动汽车扫描步骤三

步骤四：与步骤三类似，向同一方向继续转动转盘一定角度并扫描，如图 2-28 所示。

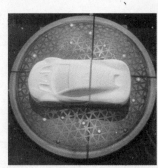
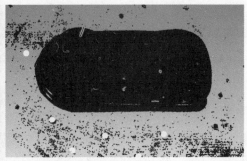

图 2-28　遥控电动汽车扫描步骤四

步骤五：保存点云数据。只需要扫描遥控电动汽车外壳，不需要扫描内部结构。将点云数据扫描完整后，在【模型管理器】中选择要保存的点云数据，单击【点】→【联合点对象】图标，将多组数据合并为一组数据。单击鼠标右键选择对话框中的【保存】图标，将数据保存在指定的目录下。

这里保存的文件名为"遥控电动汽车模型 .asc"，后续将使用 Geomagic Wrap 点云处理软件进行点云处理。

注意：

1）保存".asc"数据文件之前，确保单位为"毫米"。

2）扫描步骤的多少根据扫描经验及扫描时物体的摆放角度而定，如果操作人员经验丰富或者摆放角度合适，可以减少扫描步骤，即减少扫描数据的大小。

3）在扫描完整的原则下，尽量减少不必要的扫描步骤，从而减少累计误差的产生。

2.1.3 直柄起子机数据采集（2020年全国职业院校技能大赛改革试点赛赛题）

1. 扫描要求

利用标定成功的扫描仪和附件对直柄起子机外壳整体进行扫描，获取点云数据，并对获得的点云进行相应取舍，剔除噪音点和冗余点后，最后保存点云文件。

案例要求：

1）点云完整。

2）冗余点、噪音点尽量少。

3）点云分布尽量规整平滑。

4）保留其原始特征。

2. 直柄起子机扫描

微课视频直通车 02：

直柄起子机数据采集

（1）表面处理　通过观察后发现该充电式直柄起子机表面为黑色，扫描仪不易扫描，影响了正常的扫描效果，所以采用喷涂一层显像剂的方式进行扫描，从而获得更加理想的点云数据，如图 2-29 所示。

图 2-29　对直柄起子机喷粉

（2）粘贴标志点　因为需要扫描整体点云，所以需要粘贴标志点，以进行拼接扫描。图 2-30 所示标志点的粘贴方式较为合理，也可以采用其他粘贴方式。

图 2-30　直柄起子机标志点的粘贴

（3）扫描

步骤一：新建工程。新建工程并命名，如"充电式直柄起子机"。将充电式直柄起子机放置在转盘上，确定转盘和充电式直柄起子机在十字图形中间，尝试转转转盘一周，在 Wrap 三维扫描系统软件左侧实时显示区域进行检查，以保证能够扫描到整体；观察实时显示区域中充电式直柄起子机的亮度，通过软件中的【设置相机曝光值】来调整亮度；检查扫描仪到被扫描物体的距离，此距离可以依据软件左侧实时显示区域的白色十字与黑色十字图形重合确定，重合时距离约为 600mm，并且 600mm 高度的点云提取质量最好。所有参数调整好后，即可单击【开始扫描】，开始第一步扫描，如图 2-31 所示（为了方便操作，可以使用橡皮泥将模型固定在转盘上）。

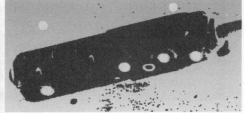

图 2-31　直柄起子机扫描步骤一

步骤二：转动转盘一定角度，必须保证与上一步扫描有重合部分，这里说的重合是指标志点重合，即上一步和该步能够同时看到至少三个标志点（该单目设备为三点拼接，但是建议使用四点拼接），如图 2-32 所示。

步骤三：与步骤二类似，向同一方向继续转动转盘一定角度并扫描，如图 2-33 所示。

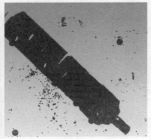　　

图 2-32　直柄起子机扫描步骤二　　　　　图 2-33　直柄起子机扫描步骤三

步骤四：与步骤三类似，向同一方向继续转动转盘一定角度并扫描，如图 2-34 所示。

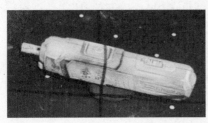

图 2-34　直柄起子机扫描步骤四

步骤五：与步骤四类似，向同一方向继续转动转盘一定角度并扫描，如图 2-35 所示。

步骤六：前面五步已经把充电式直柄起子机的上表面数据扫描完成，下面将充电式直柄起子机从转盘上取下，翻转并扫描下表面，通过之前手动粘贴的标志点完成拼接过程。翻转后若不易放置，可继续使用橡皮泥固定模型，如图 2-36 所示。

图 2-35　直柄起子机扫描步骤五

图 2-36　直柄起子机扫描步骤六

步骤七：第七～九步与步骤二类似，目的都是将充电式直柄起子机的表面数据扫描完整，从而获得完整的点云数据，如图 2-37 所示。

图 2-37　直柄起子机扫描步骤七

步骤八：保存点云数据。只需要扫描直柄起子机外壳，不需要扫描内部结构。将点云数据扫描完整后，在【模型管理器】中选择要保存的点云数据，单击【点】→【联合点对象】图标，将多组数据合并为一组数据。单击鼠标右键选择对话框中的【保存】图标，保存在指定的目录下。

这里保存的文件名为"充电式直柄起子机 .asc"，后续将使用 Geomagic Wrap 点云处理软件进行点云处理。

2.2　三维数据处理

2.2.1　Geomagic Wrap 软件操作方法

1. Geomagic Wrap 软件介绍

Geomagic Wrap 是一款专业的 3D 扫描分析和逆向数据处理软件，拥有强大的点云处理能力，能够快速完成从 3D 扫描数据到三角面片构建的过程，且可以快速构建出所需的复杂不规则曲面，可以应用于艺术、考古、医学、工业设计等领域的产品设计、快速成型和分析流程。Geomagic Wrap 提供了四个处理模块，分别是扫描数据处理模块、多边形处理模块、NURBS 曲面建模模块、CAD 曲面建模模块，相应可得到点云模型、多边形模型、网格模型和精确曲面模型，如图 2-38 所示。

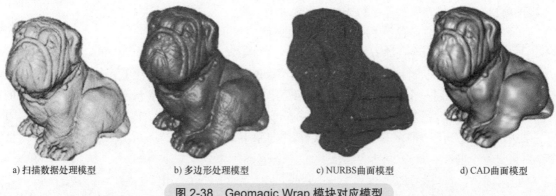

a) 扫描数据处理模型　　b) 多边形处理模型　　c) NURBS曲面模型　　d) CAD曲面模型

图 2-38　Geomagic Wrap 模块对应模型

（1）扫描数据处理模块

1）处理大型三维点云数据集。

2）从所有主要的三维扫描仪和数字设备中采集点数据。

3）优化扫描数据（通过检测体外孤点、减少噪音点、去除重叠等）。

4）自动或手动拼接与合并多个扫描数据集。

5）通过随机点采样、统一点采样和基于曲率的点采样降低数据集的密度。

（2）多边形处理模块

1）根据点云数据创建精确的多边形网格。

2）修改、编辑和清理多边形模型。

3）一键自动检测并纠正多边形网格中的误差。

4）检测模型中的图元特征（如圆柱、平面）以及在模型中创建这些特征。

5）自动填充模型中的孔。

6）将模型导出成多种文件格式，包括完全嵌入三维模型的 PDF，以便在标准的 CAD 系统中使用，格式包括 STL、OBJ、VRML、DXF、PLY 和 3DS。

其他两个模块本书未采用，限于篇幅，不做介绍。

2. Geomagic Wrap 软件基本操作

（1）用户界面　启动 Geomagic Wrap 软件，会出现图 2-39 所示的应用界面。

图 2-39　Geomagic Wrap 软件应用界面

1）视图窗口：显示模型管理器中被选中的物体对象。

2）菜单栏：提供所有应用过程中所涉及的命令图标。

3）工具栏：包含常用命令快捷方式的图标。

4）管理器面板：包含控制和引导目录，有【模型管理器】【显示】【对话框】三个选项。如果面板不小心被删除，可单击【视图】→【面板显示】，在下拉菜单中勾选【模型管理器】【显示】【对话框】中的相应选项，即可显示管理器面板。【模型管理器】：显示文件类型和数量， 表示打开的是点云文件， 表示打开的是多边形文件；可以删除、隐藏和复制文件。【显示】：控制对象的显示形式，便于观察。【对话框】：选取命令后会显示一些选项。

> 提示：当打开多个模型文件时，可以按住〈Shift〉键同时选择多个文件，也可单击某个文件单独显示。按下快捷键〈F2〉可单独显示一个文件，按下快捷键〈F5〉可显示所有文件。

5）状态栏：显示常用快捷键。

6）信息栏：显示当前点云数量和所选中的点云数量。

7）进度条：显示操作进程。

8）坐标轴：显示坐标轴相对于模型的当前位置。

（2）鼠标操作及快捷键   同很多三维造型软件一样，Geomagic Wrap 的操作方式也是以鼠标为主，键盘为辅。

1）模型旋转：按住鼠标滚轮进行拖动。

2）模型缩放：滚动鼠标滚轮。

3）平移模型：按住〈Alt〉键和鼠标滚轮进行滑动。

同样按住〈Ctrl〉〈Shift〉〈Alt〉键 + 鼠标右键分别进行旋转、缩放、平移。

4）快捷键见表 2-1。

表 2-1   Geomagic Wrap 软件快捷键

快捷键	命令详解	快捷键	命令详解
〈Ctrl+N〉	新建项目	〈Ctrl+U〉	多折线选择
〈Ctrl+O〉	打开项目	〈Ctrl+P〉	画笔选择工具
〈Ctrl+S〉	保存项目	〈Ctrl+T〉	矩形框选择工具
〈Ctrl+Z〉	撤销上一次操作（只能返回一步）	〈F2〉	单独显示
〈Ctrl+Y〉	重复上一次操作	〈F3〉	显示下一个
〈Ctrl+D〉	拟合模型到窗口	〈F4〉	显示上一个
〈Ctrl+X〉	选项设置	〈F5〉	全部显示
〈Ctrl+A〉	全部选择	〈F6〉	只选中列表
〈Ctrl+C〉	取消选择	〈F7〉	全部不显示
〈Ctrl+ 左键框选〉	取消选择部分		

3. 基本操作实例

（1）打开 caihongdeng.wrp 文件   启动 Geomagic Wrap 软件，单击 图标或〈Ctrl+O〉键从激活的文件夹里选择 caihongdeng.wrp 文件，如图 2-40 所示。如果不在当前文件夹里，则浏览指定文件夹并选中。单击【打开】，文件将被载入三维显示框中。

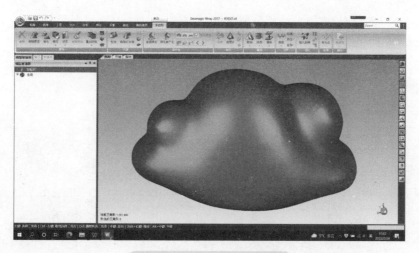

图 2-40　打开的彩虹灯模型

注意:【打开】命令与【导入】命令的区别。使用【打开】命令时,当前数据将覆盖前面的数据(与直接将数据文件拖动到窗口中一样);使用【导入】命令时,则不会覆盖先前的数据,两个数据将同时放在管理器面板中(直接将数据拖到管理器面板同样不会覆盖前面的数据)。

(2)视图控制　设置旋转中心有以下三种方式。【设置一个旋转球的中心】:任意选择一点作为旋转中心后,模型将绕着该点旋转。【切换动态旋转中心】:每次开始旋转时,鼠标单击位置为旋转中心。【重置旋转中心】:将旋转中心恢复为物体的质心。

具体操作步骤如下:

1)单击【视图】→【旋转中心】,或单击图标,或单击〈Ctrl+F〉键。

2)在对象上单击一点。

3)再次旋转模型,会发现模型绕着刚刚创建的点旋转。

4)切换到默认状态:单击【视图】→【重置旋转中心】。也可以切换到动态旋转中心。

(3)鼠标操作　将鼠标放在窗口中,按住鼠标滚轮向各个方位滑动进行三维模型数据的旋转;滚动鼠标滚轮进行三维模型数据的放大或缩小;按住鼠标滚轮和〈Alt〉键进行三维模型数据的平移。当三维模型数据不能全部显示在窗口中时,在窗口中单击鼠标右键,选择【模型适合窗口】或按下〈Ctrl+D〉键。

(4)预定义视图　选择【视图】→【预定义视图】命令,在下拉菜单中将出现可供选择的预定义视图:俯视图、仰视图、左视图、右视图、前视图、后视图、等轴测视图,每个视图相对于全局坐标轴不同视角。

(5)选择工具　处理三维扫描数据时,需要选择部分数据进行删除或者更改,单击【选择】→【选择工具】,可选择矩形工具、椭圆工具、直线工具、画笔工具、套索工具、多折线工具来选择模型。

注意:使用多折线工具时,最后封闭时单击起始点或者按空格键。

【选择】中有两个选项:【是否贯穿】和【背景模式】。这里以彩虹灯的三角网格面为例,选择【贯通】,则背面看不见的也会被选中;选择【可见】(不贯通),则只会选中看得见的部分,如图 2-41 所示。封装后的点云有正反两面,关闭【背景模式】,则只能在蓝色区域框选,不会选中黄色区域;开启【背景模式】,则都能选中。单击矩形图标不放将弹出工具栏。

具体操作步骤如下:

1)使用一种选择工具,在窗口中选取对象。

2)显示对象的全部,单击【视图】→【模型适合窗口】,或单击〈Ctrl+D〉键,或单击命令图标。

3)红色区域表示被选中,按〈Ctrl+C〉键取消选择,按〈Delete〉键删除选择区域,按〈Ctrl+Z〉键取消删除（返回上一步）。选择区域删除后的效果如图 2-42 所示。

4）单击【选择】→ 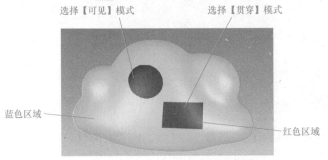图标，关闭背景模式（图标恢复正常）。

5）使用选择工具选择模型，黄色的背面也会被选中。

6）再次单击 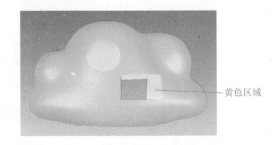 图标，进入【背面】模式。

选择【可见】模式　　　　　　选择【贯穿】模式

蓝色区域　　　　　　　　　红色区域　　　　　　　　黄色区域

图 2-41　彩虹灯模型选择模式　　　　　　图 2-42　选择区域删除后的效果

2.2.2　遥控电动汽车数据处理方法

1. 数据处理第一阶段：点云阶段

点云阶段的目标：

1）去除扫描过程中产生的杂点、噪音点。

2）将点云文件三角面片化，保存为 STL 格式文件，如图 2-43 所示。

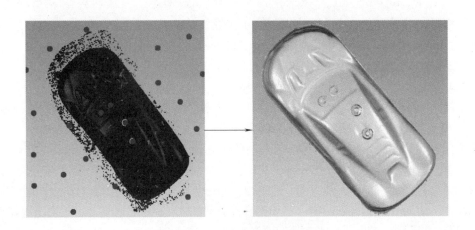

图 2-43　点云阶段数据处理

（1）点云阶段的主要操作命令及其作用　点云阶段的主要操作命令在菜单栏【点】工具栏下，如图 2-44 所示。

图 2-44　【点】工具栏

主要命令如下：

1）【着色】：为了更加清晰、方便地观察点云的形状，对点云进行着色。

2）【选择非连接项】：评估点的邻近性，并选择与其他点组相距遥远的一组点。

3）【选择体外孤点】：选择与其他绝大多数点云具有一定距离的点（【敏感度】：低数值选择远距离点，高数值选择的范围接近真实数据）。

4）【减少噪音】：由于逆向扫描设备与扫描方法的缘故，扫描数据存在系统误差和随机误差，其中有一些扫描点的误差比较大，超出允许的范围，称为噪音点。

5）【联合点对象】：将多个点云模型联合成一个点云。

6）【封装】：将点转换成三角面片。

（2）点云处理操作步骤

步骤一：打开文件

启动 Geomagic Wrap 软件，选择菜单栏【文件】→【打开】命令或单击工具栏中的【打开】图标，系统弹出【打开文件】对话框，查找数据文件并选中【遥控电动汽车模型 .asc】文件，然后单击【打开】图标，工作区显示的模型载体如图 2-45 所示。

步骤二：将点云着色

为了清晰、方便地观察点云的形状，可对点云进行着色。选择菜单栏【点】→【着色点】 ，着色后的效果如图 2-46 所示。

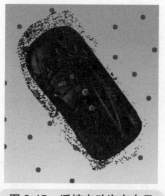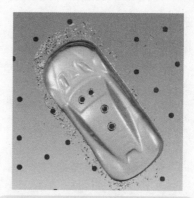

图 2-45　遥控电动汽车点云　　　　图 2-46　对遥控电动汽车点云着色

步骤三：设置旋转中心

为了更加方便地放大、缩小或旋转点云，可为其设置旋转中心。在操作区域单击鼠标右键，选择【设置旋转中心】，单击点云上的适当位置。选择工具栏中的【套索选择工具】 ，勾画出外轮廓，点云数据呈现红色，单击鼠标右键选择【反转选区】，再单击菜单栏【点】→【删除】或按下〈Delete〉键，结果如图 2-47 所示。

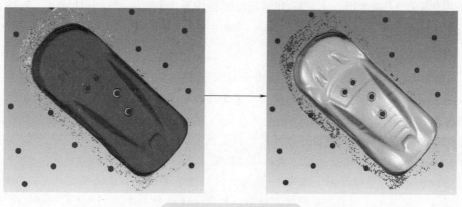

图 2-47　设置旋转中心

步骤四：选择非连接项

选择菜单栏【点】→【选择】→【非连接项】 ![icon]，在管理器面板中弹出【选择非连接项】对话框。在【分隔】的下拉列表中选择【低】分隔方式，这样系统会选择在拐角处距离主点云很近但不属于主点云的点。【尺寸】按默认值5.0，单击【确定】图标，点云中的非连接项被选中，并呈现红色，如图2-48所示。选择菜单栏【点】→【删除】或按下〈Delete〉键，可删除选中的点。

步骤五：去除体外孤点

选择菜单栏【点】→【选择】→【体外孤点】 ![icon]，在管理器面板中弹出【选择体外孤点】对话框，设置【敏感度】值为100，也可以通过单击右侧的两个三角图标来增大或减小【敏感度】值。此时，体外孤点被选中，呈现红色，如图2-49所示。选择菜单栏【点】→【删除】或按下〈Delete〉键可删除选中的点。注意：此命令以操作2～3次为宜。

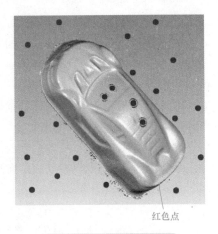

红色点

图2-48　选择非连接项

◇ 操作命令说明：

　　【敏感度】：给系统设定一个移动限制值，来约束选中点的数量。数值越大，选中的点数越多。

步骤六：删除非连接点云

选择工具栏中的【套索选择工具】 ![icon]，配合工具栏中的命令图标一起使用，将非连接点云删除，如图2-50所示。

图2-49　去除体外孤点

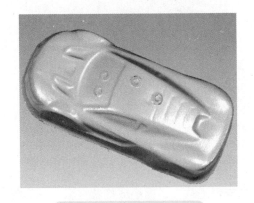

图2-50　删除非连接点云

步骤七：减少噪音

选择菜单栏【点】→【减少噪音】 ![icon]，在管理器面板中弹出【减少噪音】对话框。选择【自由曲面形状】，【平滑度水平】为"无"，【迭代】设置为5，【偏差限制】设置为0.05mm。如图2-51所示。

◇ 操作命令说明：

　　【参数】：根据实际需要选择，包括【自由曲面形状】【棱柱形（保守）】【棱柱形（积极）】三种选择方式，也可以采用系统默认选项，通过拖动下面的【平滑度水平】条，改变平滑程度。

　　【自由曲面形状】：适用于自由曲面，选择这种方式可以大幅度减少噪音点对模型表面曲率的影响，使表面光滑，但是有可能丢失原始特征，导致尺寸偏差较大。

　　【棱柱形（保守）】：适用于有尖锐边、角的模型，可以很好地保持模型原始特征。

　　【棱柱形（积极）】：和【棱柱形（保守）】类似，适用于有尖锐边、角的模型，可以很好地保持模型原始特征。当有尖锐边或细节需要保留时便可使用，相比【棱柱形（保守）】，点的偏移值较小。

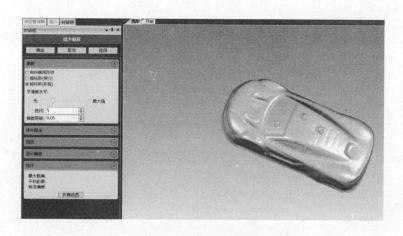

图 2-51　减少噪音

步骤八：封装数据

选择菜单栏【点】→【封装】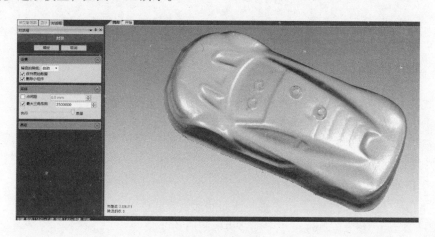，系统会弹出【封装】对话框，该命令将围绕点云进行封装计算，使点云数据转换为多边形模型，如图 2-52 所示。

图 2-52　封装

◇ 操作命令说明：

【采样】：通过设置点间距对点云进行采样。目标三角形的数量可以人为设定，该数量设置得越大，封装之后的多边形网格越紧密。最下方的滑杆可以调节采样质量的高低，可根据点云数据的实际特性进行适当的设置。

2. 数据处理第二阶段：多边形阶段

多边形阶段的目标：

1）将封装后的三角面片数据处理得光顺、完整。

2）保持数据的原始特征，如图 2-53 所示。

（1）多边形阶段的主要操作命令及其作用　模型在上一步点云阶段处理后，经封装完成，就转换成三角面片格式，即多边形格式，软件自动将菜单栏最后一栏变为【多边形】。在多边形阶段，需要用一些命令来调整模型的三角面片，使模型在保留原始特征的基础上，形成封闭、光滑、精简的多边形模型。多边形阶段的处理非常重要，处理后的模型必须具有最好的质量才能用于曲面重构，为生成精确曲面或参数曲面做准备。【多边形】工具栏如图 2-54 所示，主要操作命令如下。

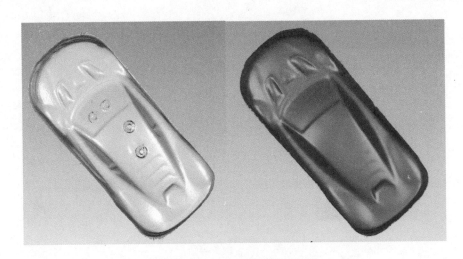

图 2-53　多边形阶段数据处理

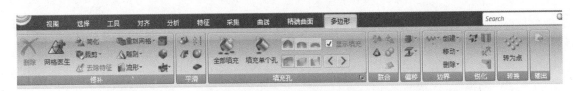

图 2-54　【多边形】工具栏

1）【删除钉状物】：【平滑级别】处于中间位置，使点云表面趋于光滑。

2）【填充孔】：探测并填补多边形模型上的孔洞。

3）【去除特征】：删除选择的三角面片并填充产生的孔。

4）【网格医生】：自动修复多边形网格内的缺陷。

5）【编辑边界】：修改多边形模型的边界。

6）【简化】：减少三角面片的数量，但不影响曲面的形状或颜色。

7）【松弛】→【砂纸】：最大限度地减小单独多边形间的角度。

（2）多边形处理操作步骤

步骤一：删除钉状物

选择菜单栏【多边形】→【删除钉状物】 ，在【模型管理器】中弹出【删除钉状物】对话框。设置【平滑级别】处于中间位置，单击【应用】，如图 2-55 所示。

图 2-55　删除钉状物

步骤二：填充孔

1）单击 ![icon] 图标，选择填充方式中的第一个【曲率填充】 ![icon]，以及填充类型中的第一个【填充内部孔】 ![icon]，选中要补的孔，软件将根据周边区域的曲率变化进行填充。

2）单击 ![icon] 图标，选择填充方式中的第一个【曲率填充】 ![icon]，以及填充类型中的第三个【搭桥】 ![icon]。在孔拐角处单击点 1，然后拖至另一边缘处单击点 2，将自动拉伸出一个桥梁，将不规则大孔分成两个内部孔，然后选择需要填充的边界，软件将根据周边区域的曲率变化进行填充，按〈Esc〉键退出命令，如图 2-56 所示。

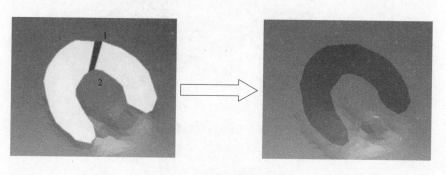

图 2-56　搭桥填充孔

◇ 操作命令说明：

1）填充方式。

![icon]：以曲率方式填充（默认选项），指定新网格必须匹配周围网格的曲率。

![icon]：以切线方式填充，指定新网格必须匹配周围网格的曲率，且具有大于曲率的尖端。

![icon]：以平面方式填充，指定新网格大致平坦。

2）填充类型。

![icon]：填充封闭的孔洞，指定填充一个完整开口曲线。

![icon]：填充未封闭的孔洞，在孔边缘单击以指定起点，在孔边缘单击另一点以指定局部填充的边界，在边界线的一侧或另一侧再次单击，指定要填充【左】面还是【右】面。

![icon]：桥连两片不相关的边界，指定一个通过孔的桥梁，将孔分成可分别填充的孔。

步骤三：去除特征

【去除特征】命令用于删除模型中不规则的三角形区域，并且插入一个更有秩序且与周边三角形连接得更好的多边形网格。先用手动方式选择需要去除特征的区域，然后单击【多边形】→【去除特征】 ![icon]，如图 2-57 所示。

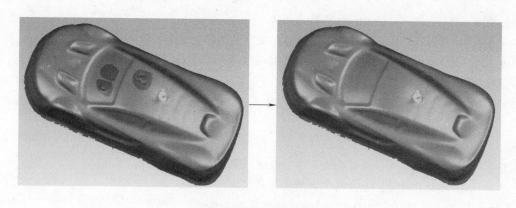

图 2-57　去除特征

步骤四：减少噪音

【减少噪音】命令用于将点移至正确的位置弥补，弥补时会使锐角变钝，即看上去更平滑。单击【减少噪音】 ⋮⋮，【迭代】设置为 5，【偏差限制】设置为 0.05mm，如图 2-58 所示。

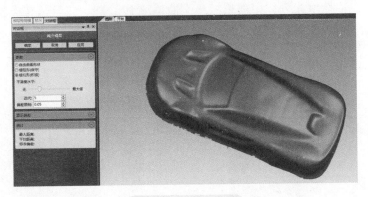

图 2-58　减少噪音

步骤五：网格医生

【网格医生】 可以自动修复多边形网格内的缺陷，使面片效果更佳，如图 2-59 所示。封装处理后的多边形模型通常不能满足要求，可能存在自相交的三角形、钉状物、间隙等不合理特征，需要用【网格医生】进行修复。

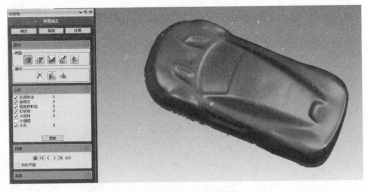

图 2-59　网格医生

◇ 操作命令说明：

1）【操作】：包含【类型】和【操作】。【类型】里有【自动修复】【删除钉状物】【清除】【去除特征】【填充孔】几种处理方式；【自动修复】中包含所有处理方式。

【自动修复】：系统自动进行删除钉状物、清除、去除特征、填充孔的操作。

【删除钉状物】：系统自动检测出钉状物并删除。

【清除】：选择此选项，系统会删除一部分自相交、高度折射边和钉状物等。

【填充孔】：选择此选项，对话框中会出现【填充孔】的三种方式，即曲率填充、切线填充、平面填充，可选择一种填充方式填充孔洞。

【操作】选项中可选择对红色选中区域的处理方式，如【删除所选择的】【创建流型】（删除非流型的三角形）、【扩展选区】（扩大红色区域）。

【删除所选择的】：选择此选项，系统将自动删除选择的区域。

【创建流型】：选择此选项，系统将删除非流型的三角形。

【扩展选区】：选择此选项，系统将扩大所选择的区域。

2）【分析】：分析选中的三角面片属于哪种错误类型及错误数量的多少。

3）【排查】：可逐个显示有问题的三角面片。

步骤六：保存数据

单击软件左上角的【文件】，另存为【.stl】文件，为后续逆向建模准备。

2.2.3 直柄起子机数据处理方法

1. 数据处理第一阶段：点云阶段

> 目标：将原始点云数据生成多边形模型，如图 2-60 所示。

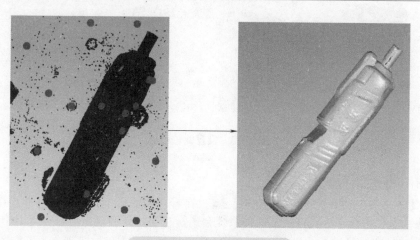

图 2-60 点云阶段数据处理

微课视频直通车 03：
直柄起子机数据处理点云阶段

步骤一：打开文件

启动 Geomagic Wrap 软件，选择菜单栏【文件】→【打开】命令或单击工具栏中的【打开】图标，系统弹出【打开文件】对话框，查找数据文件并选中【充电式直柄起子机 .asc】文件，然后单击【打开】图标，工作区显示的载体如图 2-61 所示。

步骤二：将点云着色

为了清晰、方便地观察点云的形状，对点云进行着色。选择菜单栏【点】→【着色点】 ，着色后的效果如图 2-62 所示。

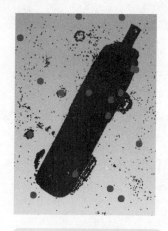

图 2-61 直柄起子机点云

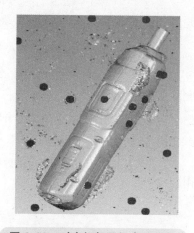

图 2-62 对直柄起子机点云着色

步骤三：设置旋转中心

为了更加方便地放大、缩小或旋转点云，可为其设置旋转中心。在操作区域单击鼠标右键，选择【设置旋转中心】，单击点云上的适当位置。选择工具栏中的【套索选择工具】，勾画出外轮廓，点云数据呈现红色，单击鼠标右键选择【反转选区】，再单击菜单栏【点】→【删除】或按下〈Delete〉键，如图 2-63 所示。

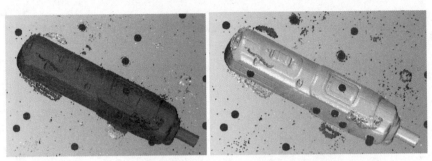

图 2-63　设置旋转中心

步骤四：选择非连接项

选择菜单栏【点】→【选择】→【非连接项】，在管理器面板中弹出【选择非连接项】对话框。在【分隔】下拉列表中选择【低】分隔方式，这样系统会选择在拐角处距离主点云很近但不属于主点云的点。【尺寸】按默认值 5.0，单击【确定】图标，点云中的非连接项被选中，并呈现红色，如图 2-64 所示。选择菜单【点】→【删除】或按下〈Delete〉键，可删除选中的点。

步骤五：去除体外孤点

选择菜单栏【点】→【选择】→【体外孤点】，在管理器面板中弹出【选择体外孤点】对话框，设置【敏感度】值为 100，也可以通过单击右侧的两个三角图标增大或减小【敏感度】值。此时，体外孤点被选中，呈现红色，如图 2-65 所示。选择菜单栏【点】→【删除】或按〈Delete〉键，可删除选中的点。

图 2-64　选择非连接项

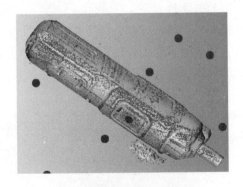

图 2-65　去除体外孤点

步骤六：删除非连接点云

选择工具栏中的【套索选择工具】，配合工具栏中的命令图标一起使用，将非连接点云删除。

步骤七：减少噪音[⊖]

选择菜单栏【点】→【减少噪音】，在管理器面板中弹出【减少噪音】对话框。

选择【自由曲面形状】，【平滑度水平】为【无】，【迭代】设置为 5，【偏差限制】设置为 0.05mm。　如图 2-66 所示。

———————————

　⊖　此处噪音与软件选项保持一致。

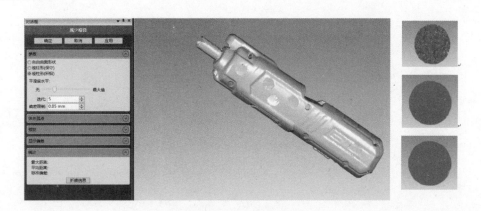

图 2-66　减少噪音

步骤八：合并数据

选择菜单栏【点】→【合并】，系统弹出【合并】对话框，该命令将围绕点云进行合并计算，使点云数据转换为多边形模型，单击【确定】，如图 2-67 所示。

◇ 操作命令说明：

【设置】：【局部噪音降低】表示系统将进行局部降噪；【全局注册】若已使用过则无须勾选，若未使用过，则选择【全局噪音减少】为【自动】；【保持原始数据】表示封装后不删除原始点云数据；【删除小组件】表示封装过程中将删除离散的三角面。

【采样】：【点间距】表示封装前再次进行稀释；【最大三角形数：2500000】代表限制封装后三角面的最大数量；【执行】条滑动到"最大"，表示封装后的三角面质量最佳（与计算机的运行速度成反比）。

注意：在实际处理中，合并前需要使用【去除杂点】命令，一般情况下不使用【合并】命令，而是用【联合点对象】+【封装】代替。

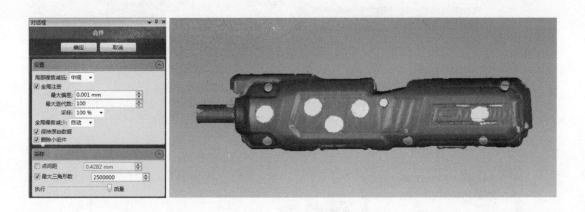

图 2-67　合并数据

2. 数据处理第二阶段：多边形阶段

目标：使用多边形阶段的常用命令，如【填充孔】【去除特征】【网格医生】等实现多边形的规则化，使模型表面变得更加光滑，为后续生成曲面模块打好基础，如图 2-68 所示。

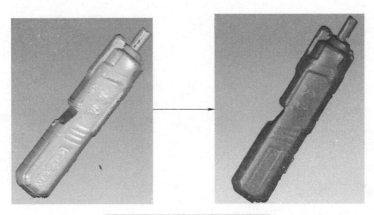

图 2-68　多边形阶段数据处理

微课视频直通车 04：

　直柄起子机数据处理多边形阶段

步骤一：删除钉状物

单击菜单栏【多边形】→【删除钉状物】，在【模型管理器】中弹出【删除钉状物】对话框，【平滑级别】处于中间位置，单击【应用】，如图 2-69 所示。

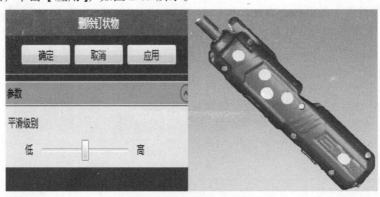

图 2-69　删除钉状物

步骤二：全部填充

单击菜单栏【多边形】→【全部填充】，在【模型管理器】中弹出【全部填充】对话框。可以根据孔的类型搭配选择不同的方法进行填充，有三种不同的选择方法，如图 2-70 所示。

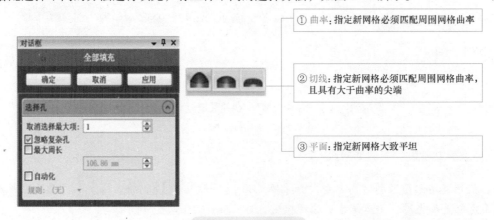

① 曲率：指定新网格必须匹配周围网格曲率

② 切线：指定新网格必须匹配周围网格曲率，且具有大于曲率的尖端

③ 平面：指定新网格大致平坦

图 2-70　全部填充

◇ 操作命令说明：

　　【取消选择最大项】：根据边界周长大小进行排列，输入"n"，则取消 n 排在前面的 n 个孔。

　　【忽略复杂孔】：勾选后则不填充复杂边界的孔洞。

　　【最大周长】：表示当孔的周长小于输入值时，才会被填充。

　　【自动化】：设置选择填充孔的规则。

　　步骤三：去除特征

　　【去除特征】命令用于删除模型中不规则的三角形区域，并且插入一个更有秩序且与周边三角形连接得更好的多边形网格。先用手动方式选择需要去除特征的区域，然后单击【多边形】→【去除特征】 ，如图 2-71 所示。

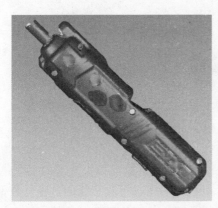

图 2-71　去除特征

　　步骤四：减少噪音

　　【减少噪音】命令用于将点移至正确的位置弥补，弥补时会使锐角变钝，即看上去更平滑。单击【减少噪音】 ，【迭代】设置为 5，【偏差限制】设置为 0.05mm，如图 2-72 所示。

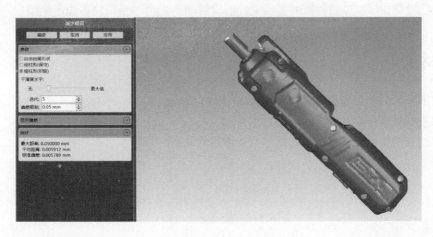

图 2-72　减少噪音

　　步骤五：网格医生

　　【网格医生】 可以自动修复多边形网格内的缺陷，使面片效果更佳，如图 2-73 所示：

　　步骤六：保存数据

　　单击软件左上角的【文件】，另存为【.stl】文件，为后续逆向建模准备。

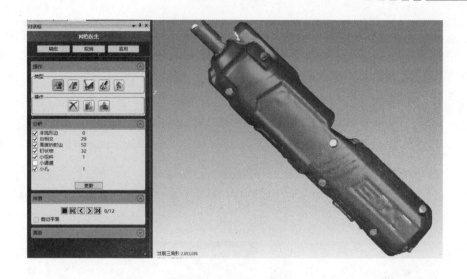

图 2-73　网格医生

小结

　　三维数据采集与处理是逆向工程中的重要技术环节，它决定着后续的模型重建过程能否准确地进行。实体的三维逆向数据采集是通过使用一定的测量设备对被测实体进行数字化的过程，数据采集质量决定了重构的实体模型质量，并影响最终加工产品能否真实反映原始实体模型，是整个逆向设计部分的基础。

　　Geomagic Wrap 软件处理过程主要包括点云阶段和多边形阶段。点云阶段的目标是将原始点云数据生成多边形模型，主要包括模型着色，删除冗余点、噪音点，选择非连接项、去除体外孤点，减少噪音，统一采样，联合点对象合并为一组数据，封装，合并等，可以根据模型扫描的点云精度选择相应的操作步骤；多边形阶段是将点云阶段封装成三角面片用一些命令来调整，如填充孔、去除特征、网格医生等，实现多边形的规则化，使模型在保留原始特征的基础上，形成封闭、光滑、精简的多边形模型。

课后练习与思考

　　1. 三维逆向数据采集的工作流程是什么？
　　2. 三维逆向数据处理需要注意哪些问题？
　　3. 利用手中现有的模型，使用三维扫描工具扫描数据并进行处理。

课后拓展

　　1. 吸尘器数据处理过程
　　2. 剃须刀数据处理过程

微课视频直通车 05：
　　吸尘器和剃须刀数据处理

素养园地

　　不论是产品的三维数据采集，还是数据处理，每一步都要认真、细心，否则会因小失误导致模型处理效果不好，影响后续的建模精度和速度。

　　千里之堤，溃于蚁穴。小小的蚂蚁洞可以使堤坝溃决，足以看出，细节决定成败，成大事者，必拘小节。"泰山不拒细壤，故能成其高；江海不择细流，故能就其深"，文章会因为一个字、一个词语改变意思；高大的建筑会因为一段钢筋的损坏而导致整栋楼房坍塌；飞船会因为一个零件的损坏而机毁人亡；科学家会因为一个小数点的失误而导致飞船偏离轨道。

　　海尔总裁张瑞敏先生曾说："把每一件简单的事做好就是不简单；把每一件平凡的事做好就是不平凡。"人人心中都有英雄梦，都想做一番大事，但不注重细节，终将是空中楼阁，细心是成功的基石，是制胜的法宝，是走向成功的明灯。我们必须改变心浮气躁、浅尝辄止的毛病，注重细节，把小事做细，使人生更完美！

三维逆向模型重构

> ## 知识目标：

1）掌握 Geomagic Design X 软件的基本操作方法。

2）掌握模型重构的方法。

> ## 技能目标：

1）能在 Geomagic Design X 软件中对封装的 STL 格式文件进行曲面拟合，并完成曲面的区域划分。

2）能在 Geomagic Design X 软件中对封装的 STL 格式文件进行修补漏洞、优化曲面等操作。

3）能在 Geomagic Design X 软件中对实体、曲面等复杂模型进行重构。

> ## 素养目标：

1）职业道德：自觉遵守行业基本公约，遵守企业规章制度和增材制造工艺保密制度。

2）学习意识：能自觉学习、跟踪增材制造技术的发展动态，积极参加各种技术交流、技术培训和继续教育活动。

3）质量意识：能够根据客户的要求进行模型设计和修改。

4）合作意识：能够与项目团队进行协调、沟通，确保完成工作任务。

考核要求

完成本项目学习内容，能够使用主流三维设计软件对扫描数据进行模型重构。

必备知识

3.1 Geomagic Design X 软件基本操作

3.1.1 Geomagic Design X 软件界面介绍

1. 操作界面

双击桌面上的 Geomagic Design X 快捷方式图标 ，进入操作界面，打开 ".xrl" 文件。Geomagic De-sign X 基本操作界面由菜单栏、功能区等部分组成，如图 3-1 所示。

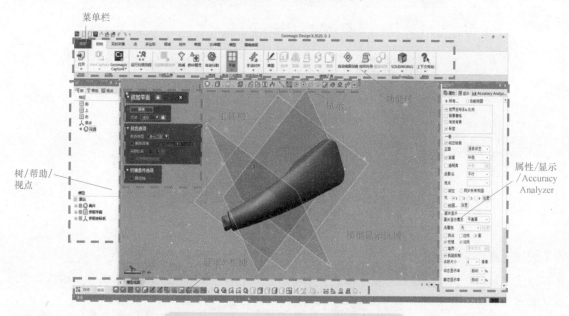

图 3-1　Geomagic Design X 基本操作界面

2. 常用操作

常用操作即最基本的操作，除了可以通过菜单栏找到操作命令完成之外，还可以利用工具栏中的常用操作命令快捷图标快速完成，如图 3-2 所示。

① 新建：创建新文件〈Ctrl+N〉。

② 打开：打开已保存的文件〈Ctrl+O〉。

③ 保存：保存作业中的文件〈Ctrl+S〉。

图 3-2　常用工具栏

④ 导入：导入文件。

⑤ 输出：输出选择的要素。

⑥ 设置：变更设置（可更改鼠标操作方式等）。

⑦ 撤销：撤销前面的操作〈Ctrl+Z〉。

⑧ 恢复：恢复前面的操作〈Ctrl+Y〉。

3. 选择模式

（1）选择模式的方式　在模型视图中，鼠标的光标有两种模式：一种是选择模式，另一种是视图模式，见表 3-1。单击鼠标中键即可实现两种模式的切换。

表 3-1　鼠标光标两种模式的功能

模式	功能
选择模式	旋转：单击鼠标右键
	放大或缩小：〈Shift〉键 + 鼠标右键（或者滚动滚轮）
	平移：〈Ctrl〉键 + 鼠标右键（或者同时按住鼠标左右键）
视图模式	旋转：单击鼠标左键或右键均可
	放大或缩小：〈Shift〉键 + 鼠标左键或右键（或者滚动滚轮）
	平移：〈Ctrl〉键 + 鼠标左键或右键（或者同时按住鼠标左右键）

（2）选择模式的使用　一般在面片的【点】【多边形】【领域】模式，以及【模型】模式中的【平面】和【线】功能中使用，如图3-3所示。位于软件操作界面模型显示区正上方的选择模式工具条，提供了多种方式来选择参照平面和参照线。在管理面片或点云数据时，使用此工具条可提高工作速度。例如，通过选择模式中的【圆】来拾取面片上的圆特征，在选择【模型】→【线】命令后，选择【检索圆柱轴】，如图3-4所示。

图3-3　选择模式工具条

图3-4　拾取面片上的圆特征

在【领域】模式下，使用〈Alt〉键+鼠标左键可以改变选择范围的大小。

选择模式工具条上的【仅选择可见】模式 ◉，可以在模型视图中仅显示所选择的参照面或参照线。此模式可以避免背景参照面或参照线对所做选择造成干扰。

（3）选择过滤器的使用　利用选择过滤器选择创建出面片/点云、领域、体、面、环、草图等，如图3-5所示。过滤器功能可以仅选择目标特征，并且可以在任意一种命令或选择模式下直接应用；也可以在模型显示区单击右键，直接选择过滤元素，在参照平面下通过【选择多个点】创建平面时，需要在选择过滤器中选择【单元点云】，如图3-6所示。

图3-5　选择过滤器

图3-6　使用鼠标右键快速选择过滤元素

4. 常用工具的设置

（1）参照平面的使用　参照平面是具有法线方向及无限尺寸的虚拟平面。参照平面并不是曲面，而是用来创建其他特征的。参照平面的创建方法见表 3-2。

表 3-2　参照平面的创建方法

方法	功能
定义	可使用平面的数字定义来创建参照平面，这个值可以是输入的数值，也可以是在模型视图中提取的某个点
提取	使用拟合运算从选定的要素中提取平面
投影	通过将平面要素投射为直线要素的方法来创建平面
选择多个点	选择三个或多个点来创建平面
选择点和法线轴	选择一个点（位置）和一条法线轴来创建平面
选择点和圆锥轴	利用圆锥轴创建平面
变换	利用已选择的要素创建平面
N 等分	等分所选择的要素来创建平面，将创建出与选定要素垂直且均布的多个平面
偏移	指定偏移距离和数量，创建平面
回转	通过旋转平面要素创建多个平面
平均	通过平均两个选择要素创建一个参照平面，所选平面要素不必平行
视图方向	在当前视图方向创建平面
相切	创建与选定要素相切的平面
正交	创建一个与面片上所选择的点（要素）相正交的平面，也可使用一个点和两个实体面
绘制直线	在模型显示区绘制一条直线来创建平面
镜像	自动在面片上创建对称平面，执行该命令时需要选择初始平面和面片
极端位置	创建选定要素极大或极小位置指定方向上的平面

（2）参照线的使用　参照线是具有方向及无限尺寸的虚拟轴。参照线并不是直线要素，而是用来创建其他特征的虚拟线。参照线的创建方法见表 3-3。

表 3-3　参照线的创建方法

方法	功能
定义	可使用线的数字定义来创建参照线，这个值可以是输入的数值，也可以是在模型视图中提取的某个点
提取	使用拟合运算从选定的要素中提取线
检索长穴轴	使用拟合运算，在选定的要素上创建长穴轴，拟合选项与提取方法相同
检索圆柱轴	使用拟合运算，在选定的要素上创建圆柱轴
检索圆锥轴	使用拟合运算，在选定的要素上创建圆锥轴，拟合选项与检索圆柱轴方法相同
投影	通过将平面要素投射为直线要素的方法来创建线
选择多个点	选择三个或多个点来创建线
选择点和直线	选择一个点确定位置，选择一条直线作为方向来创建线
轴	创建圆柱轴，拟合选项与检索圆柱轴方法相同
变换	利用已选择的要素创建线
平面交叉	利用两个相交平面创建线
平均	通过平均两个选择要素创建一条参照线
相切	创建与选定要素相切的线
直线相交	利用两个相交直线要素创建线
回转轴	利用旋转面片特征创建线，拟合选项与提取方法相同
拉伸轴	利用拉伸面片的拉伸方向特征创建线，拟合选项与提取方法相同
回转轴阵列	利用旋转阵列特征的中心轴创建轴线
移动轴阵列	利用阵列特征创建阵列方向的轴线

（3）参照点的使用　参照点是一个 0 维的要素，用于标记模型或空间的指定位置。参照点的创建方法见表 3-4。

表 3-4　参照点的创建方法

方法	功能
定义	可使用点的数字定义来创建参照点，这个值可以是输入的数值，也可以是在模型视图中提取的某个点
提取	使用拟合运算从选定的要素中提取点
检索圆的中心	创建选定要素的圆心点
检索腰形孔的中心	使用拟合运算，从选定的要素中提取腰形孔的中心点
检索矩形的中心	使用拟合运算，从选定的要素中提取矩形的中心点
检索多边形的中心	使用拟合运算，从选定的要素中提取多边形的中心点
检索球的中心	使用拟合运算，从选定的要素中提取球的中心点
投影	利用投射到其他要素上的方法提取点
选择多个点	选择多个点来创建参照点
变换	创建选定要素的中心
N 等分	通过等分曲线、线段、面片数据来创建多个点
中间点	通过比例值确定位置的方法创建两个点之间的点
2 线相交	创建两条交线的交点
相交线＆面	创建面与曲线的交点
3 平面相交	创建三个平面要素的交点
导入	导入 ASC Ⅱ 文件创建点，使用 ASC Ⅱ 变换器可以导入包含由符号或逗号分隔的 X、Y、Z 坐标的文本

3.1.2　Geomagic Design X 软件常用功能介绍

Geomagic Design X 软件的功能区中包含多种模式，不同的模式对应不同的功能，可根据所需功能选择相应的模式进行操作。在进入某一种模式时，工作环境（即工具面板、工具栏、选择栏以及精度分析面板下的选项）会自动设置当前模型的状态。

1. 领域模式

领域模式包含用颜色和组来划分特征的功能。在领域模式下，自动分割后会显示面片上的特征。但有时特征会分得不恰当，此时需要手动重新划分领域。

打开 Geomagic Design X 软件导入【.stl】文件后，单击【领域】，软件上方会出现【领域】下的功能栏，单击【自动分割】 ，出现图 3-7 所示对话框，此时可根据模型的复杂程度，输入适当的敏感度值。一般来说，模型越复杂，敏感度值应设置得越高些，但是敏感度值越高，分割所需时间就越长。

图 3-7　【自动分割】设置对话框

领域组划分完成后，模型会自动显示不同的颜色，并且分割出模型相应的特征，以便后续建模。而没有分割出来的特征则需要手动分割。手动分割的常用命令如下：

【合并】 ：将多个领域整合为一个领域并将新曲率半径的形状进行重新分类，如图 3-8 所示。

【分离】 ：将不同的领域分成多片，如图 3-9 所示。

图 3-8　【合并】操作

图 3-9　【分离】操作

【插入】  ：手动选择单元面来新建领域，如图 3-10 所示。

图 3-10 【插入】操作

2. 草图模式

【草图】模式下有两种选择：【面片草图】和【草图】，如图 3-11 所示。

（1）【面片草图】模式 【面片草图】模式可以通过拟合点云或面片上提取的断面多段线进行绘制，并编辑草图特征，如直线、圆弧、样条曲线等。进入【面片草图】模式，会出现图 3-12 所示的对话框，需要定义基准平面，可以是参考平面、某一平面或平面领域，设置好【由基准面偏移的距离】后，单击右上角的【确定】 图标，即可进行草图绘制。

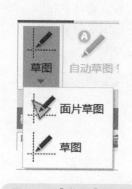

图 3-11 【草图】模式

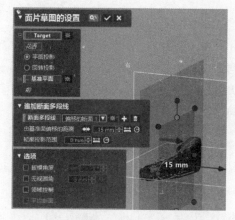

图 3-12 【面片草图的设置】对话框

如果模型需要创建多个面片的断面，则单击【追加断面】 ，在断面多段线下就会出现【偏移的断面 2】，输入由基准面偏移的距离，便可追加断面。

绘制的草图可用于创建曲面或实体，常用指令如图 3-13 所示，与正向建模软件的绘制方式类似，需要特别注意的是，【面片草图】模式下的指令有拟合的功能。

图 3-13 【面片草图】常用指令

（2）【草图】模式 【草图】模式可以在不考虑面片、点云的情况下绘制和编辑特征。【草图】模式里的工具与【面片草图】中的命令图标完全一样，但是不具备拟合功能。这些草图可以在没有点云、面片断面信息的情况下创建附加曲面或实体。

【草图】模式相当于正向设计模块，其绘制方法和正向建模软件基本一致。进入【草图】模式后，先选择一个基准平面，然后才可进行草图的绘制，如图 3-14 所示。

3.【3D 草图】模式

【3D 草图】模式下有两种选择：【3D 面片草图】和【3D 草图】，如图 3-15 所示。

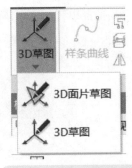

图 3-14 【设置草图】对话框　　　　　图 3-15 【3D 草图】模式

（1）【3D 面片草图】模式　【3D 面片草图】模式可以根据点云或面片来绘制和编辑 3D 曲线。无论何时绘制或编辑曲线，曲线都会投射到点云或面片上。在此模式下创建的曲面可用于通过境界拟合的曲面，如图 3-16 所示。

图 3-16 【3D 面片草图】模式

（2）【3D 草图】模式　【3D 草图】模式与【3D 面片草图】模式的功能基本相同，都可在空间或任意特征上自由绘制 3D 曲线。两者的区别在于，【3D 草图】模式下创建的曲线不投射到面片上。在此模式下创建的曲线可应用于管道的中心线或创建放样、扫描的路径，如图 3-17 所示。

图 3-17 【3D 草图】模式

3.2　遥控电动汽车模型三维重构

3.2.1　遥控电动汽车模型三维重构案例说明

1. 案例要求

案例：2021 年全国职业院校技能大赛高职组工业设计技术赛项赛题——遥控电动汽车创新设计与试制，任务 2 逆向建模。

> 要求：
> 1）合理还原产品数字模型，要求特征拆分合理、转角衔接圆润。优先完成主要特征，在完成主要特征的基础上再完成细节特征。整体拟合不得分。
> 2）实物的表面特征不得改变，数字模型比例（1∶1）不得改变。
> 3）车身轮廓数据从车顶到底面总高为 54mm，下面部分舍弃。

2. 基本建模流程

1）导入点云数据。

2）建立坐标系。

3）创建模型主体特征。

4）创建模型具体细节特征。

3.2.2　遥控电动汽车模型三维重构基本流程

微课视频直通车 07：
遥控电动汽车车身建模

微课视频直通车 08：
遥控电动汽车侧面和车头建模

微课视频直通车 09：
遥控电动汽车车尾建模

微课视频直通车 10：
遥控电动汽车细节处理

1. 创建坐标系

（1）创建对称平面　选择【插入】→【导入】命令，导入【遥控电动汽车 .stl】文件。选择【模型】→【平面】命令。方法选择通过【绘制直线】创建辅助平面 1。使用【镜像】命令，可按住〈Ctrl〉键的同时选中点云和辅助平面 1，单击【确定】生成对称平面 2，如图 3-18 所示。

图 3-18　创建对称平面

（2）绘制草图 1　选择【草图】→【草图】命令，设置【基准平面】为"对称平面 2"，进入【草图】模式。利用【直线】命令绘制底部平面直线，创建草图 1，如图 3-19 所示。

（3）手动对齐　选择【对齐】→【手动对齐】命令，单击【下一阶段】图标，设置【平面】为对称平面 2，设置【线】为草图 1，对齐坐标系，如图 3-20 所示。

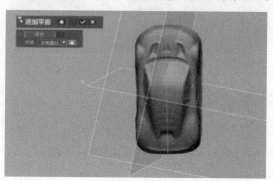
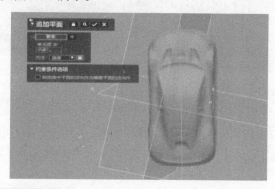

图 3-19　创建草图 1　　　　　　　　　　**图 3-20　手动对齐**

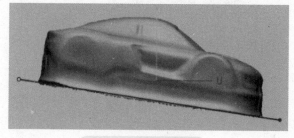
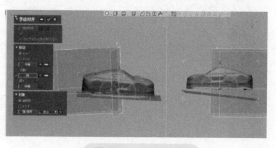

2. 创建模型主体特征

（1）创建领域组　单击【领域】图标，进入领域组模式；单击【画笔选择模式】图标，手动绘制领域；单击【插入】命令，插入新领域，如图3-21所示。

图 3-21　创建领域组

（2）创建车身上部特征

1）创建拟合曲面 1 和曲面 2。选择【模型】→【面片拟合】命令，创建拟合曲面 1 和曲面 2，如图 3-22 所示；选择【曲面偏移】命令，设置【面】为"拟合曲面 2"，设置【偏移距离】为 0.7mm，方向向外。

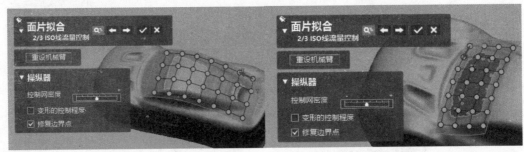

a) 拟合曲面1　　　　　　　　　　　　b) 拟合曲面2

图 3-22　创建拟合曲面 1 和曲面 2

2）剪切曲面 1 并倒圆角。

①选择【模型】→【剪切曲面】命令，设置【工具要素】为"面片拟合 1"和"曲面偏移 1"，如图 3-23 所示。

②设置【残留体】为点云上面的曲面；选择【模型】→【圆角】命令，对剪切曲面 1 轮廓边进行倒圆角，设置【半径】为 30mm（注：圆角参数仅供参考）如图 3-24 所示。

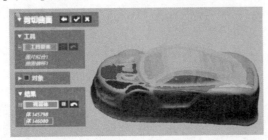

图 3-23　剪切曲面 1

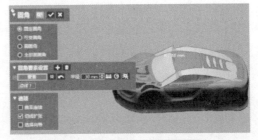

图 3-24　对曲面 1 倒圆角

3）创建拟合曲面 3 并剪切。选择【模型】→【面片拟合】命令，设置【领域】为领域组 3，创建拟合曲面 3，如图 3-25 所示。选择【剪切曲面】命令，【工具要素】为"面片拟合 3"和"圆角 1（值定）"，【残留体】为点云上面的曲面，单击✔图标确定，如图 3-26 所示。

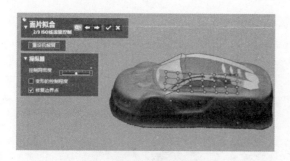

图 3-25　拟合曲面 3

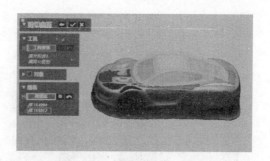

图 3-26　剪切拟合曲面 3

4）剪切曲面 3 倒圆角。选择【3D 草图】，利用【样条曲线】命令创建 3D 草图 1；选择【剪切曲面】命令，【工具要素】为"草图链 1"，【对象】为"剪切曲面 2"，【残留体】为点云上面的曲面，如图 3-27 所示。选择【圆角】命令，单击【可变圆角】图标，对剪切曲面 3 轮廓边进行倒圆角，设置起始半径为 3mm，末端半径为 10mm（注：圆角参数仅供参考）。

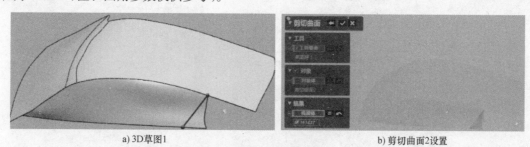

a) 3D草图1　　　　　　　　　　　　　　b) 剪切曲面2设置

图 3-27　剪切曲面 2

（3）创建车身前部特征

1）创建拟合曲面 4 和曲面 5。选择【模型】→【面片拟合】命令，设置【领域】为领域组 4，创建拟合曲面 4 和曲面 5，如图 3-28 所示。

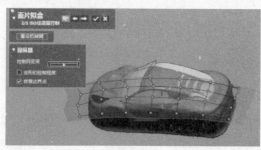

a) 拟合曲面4

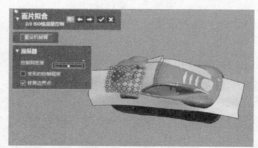

b) 拟合曲面5

图 3-28　创建拟合曲面 4 和曲面 5

2）创建扫描曲面 1 并延长。

①选择【3D 草图】命令，利用【样条曲线】命令创建 3D 草图 2；选择【模型】→【扫描】命令，【轮廓】选择"草图链 2"，【路径】选择"草图链 1"，如图 3-29 所示。

②选择【模型】→【延长曲面】命令，通过【边线】→【面】选择扫描曲面 1；选择【终止条件】→【距离】命令并设置为 5.15mm，方向向外，创建延长曲面 2。

3）拉伸曲面。

①选择【3D 草图】命令，利用【样条曲线】命令创建 3D 草图 3，如图 3-30 所示。

②选择【模型】→【拉伸曲面】命令，设置【轮廓】为"草图链 3"，【自定义方向】为上平面（仅供参考），【方法】设置为"距离"，【长度】为 5mm，如图 3-31 所示，单击 ✔ 确定。

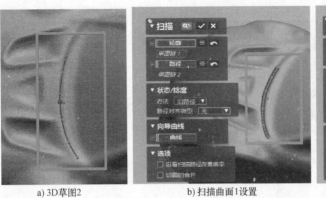

a) 3D草图2　　　　　b) 扫描曲面1设置　　　　　c) 延长曲面2设置

图 3-29　扫描曲面 1

图 3-30　创建 3D 草图 3

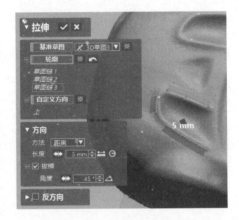

图 3-31　拉伸 3D 草图 3

4）延长曲面 3～曲面 5。选择【模型】→【延长曲面】命令，通过【边线】→【面】选择"面 1"，拉伸距离为 5.15mm，延长曲面 3～曲面 5，如图 3-32 所示。

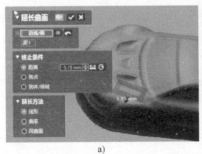
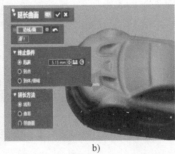
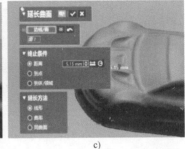

a)　　　　　　　　　b)　　　　　　　　　c)

图 3-32　延长曲面 3～曲面 5

5）剪切曲面并倒圆角。选择【模型】→【剪切曲面】命令，设置【工具要素】为延长曲面 3～曲面 5，【残留体】为点云上面的曲面；选择【圆角】命令，选中【固定圆角】，设置【半径】分别为 4mm 和 8.668mm（注：圆角参数仅供参考），如图 3-33 所示。

6）创建拟合曲面 6～曲面 9。选择【模型】→【面片拟合】命令，设置【领域】分别为领域组 6～9，分别创建拟合曲面 6～曲面 9，单击 ✓ 图标确定，如图 3-34 所示。

7）延长曲面 6～曲面 8。选择【模型】→【延长曲面】命令，通过【边线】→【面】选择拟合曲面 7～曲面 9，延长距离为 9.85mm，方向向外，延长曲面 6～曲面 8，如图 3-35 所示。

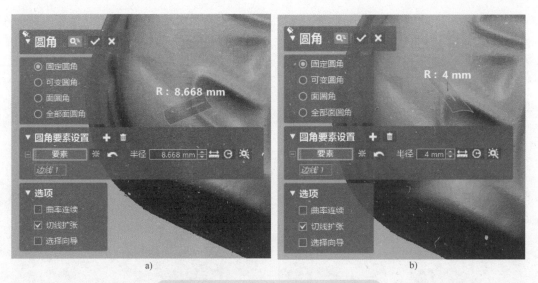

图 3-33 延长曲面 3～曲面 5 并倒圆角

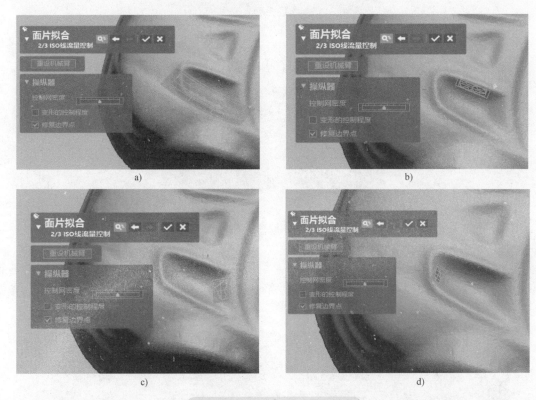

图 3-34 拟合曲面 6～曲面 9

图 3-35 延长曲面 6～曲面 8

8）剪切曲面4和曲面5。选择【模型】→【剪切曲面】命令，设置【工具要素】为延长曲面6～曲面8和拟合曲面6；设置【残留体】为点云上面的曲面如图3-36a所示。选中【固定圆角】，对剪切曲面后的轮廓边进行倒圆角。选择【模型】→【剪切曲面】命令，设置【工具要素】为圆角4和圆角7，如图3-36b所示。

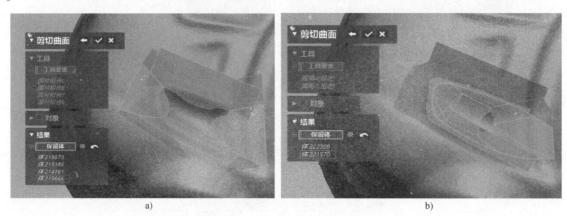

图3-36　剪切曲面4和曲面5

（4）创建车身侧面特征

1）创建拟合曲面10。选择【模型】→【面片拟合】命令，创建拟合曲面10，如图3-37所示。

图3-37　创建拟合曲面10

2）创建扫描曲面2。选择【3D草图】命令，利用【样条曲线】命令创建3D草图4；选择【模型】→【扫描】命令，【轮廓】选择"草图链1"，【路径】选择"草图链2"，创建扫描曲面2，如图3-38所示。

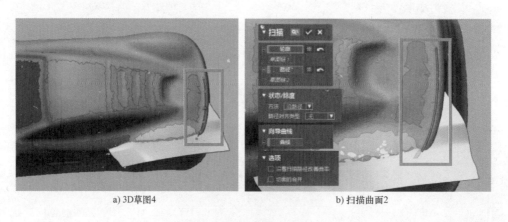

a) 3D草图4　　　　　　　　　　b) 扫描曲面2

图3-38　创建扫描曲面2

3）延长扫描曲面2。选择【模型】→【延长曲面】命令，通过【边线】→【面】选择扫描曲面2，【距离】为9.85mm和18mm，如图3-39所示。

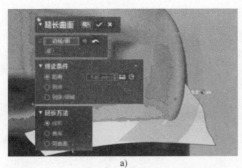
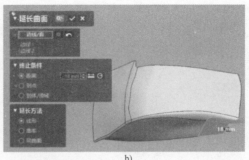

a)　　　　　　　　　　　　　　　　b)

图 3-39　延长扫描曲面 2

4）拟合曲面 11 和曲面 12。选择【模型】→【面片拟合】命令，创建拟合曲面 11 和曲面 12，如图 3-40 所示。

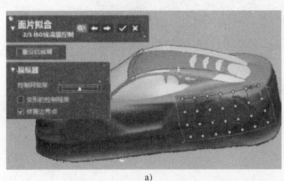
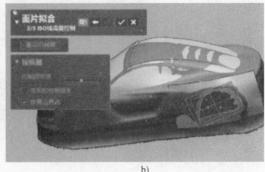

a)　　　　　　　　　　　　　　　　b)

图 3-40　拟合曲面 11 和曲面 12

5）剪切曲面 7 并倒圆角。选择【模型】→【剪切曲面】命令，设置【工具要素】为"面片拟合 10"和"面片拟合 11"，【残留体】为点云上面的曲面；选中【固定圆角】，对剪切曲面 7 轮廓边进行倒圆角，设置【半径】为 8mm（注：圆角参数仅供参考），如图 3-41 所示。

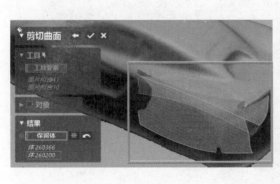
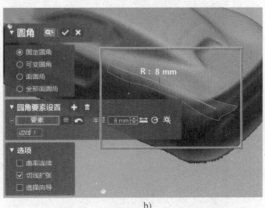

a)　　　　　　　　　　　　　　　　b)

图 3-41　剪切曲面 7 并倒圆角

6）创建拟合曲面 13～曲面 15。选择【模型】→【面片拟合】命令，创建拟合曲面 13～曲面 15，如图 3-42 所示。

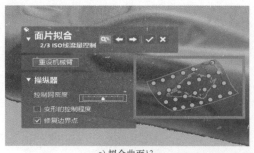
a）拟合曲面13

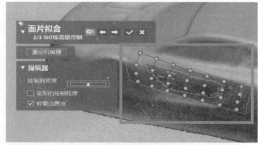
b）拟合曲面14

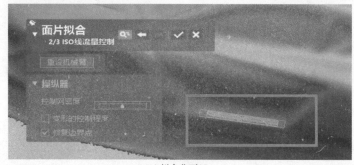
c）拟合曲面15

图 3-42　拟合曲面 13 ～曲面 15

7）绘制 3D 草图 5，创建扫描曲面 3 并延长。选择【3D 草图】命令，利用【样条曲线】命令创建 3D 草图 5；选择【模型】→【扫描】命令，【轮廓】选择"草图链 1"，【路径】选择"草图链 2"，创建扫描曲面 3，如图 3-43 所示；选择【延长曲面】命令，设置延长距离。

a）3D草图5

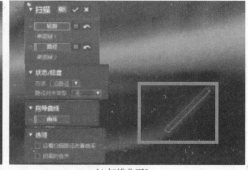
b）扫描曲面3

图 3-43　创建扫描曲面 3 并延长

8）剪切曲面 8 并倒圆角。选择【模型】→【剪切曲面】命令，【工具要素】为"面片拟合 15"和扫描曲面 3，【残留体】为点云上面的曲面；对剪切曲面 8 轮廓边进行倒圆角，【半径】为 9mm，如图 3-44 所示。

a）

b）

图 3-44　剪切曲面 8 并倒圆角

9）绘制 3D 草图 6，生成扫描曲面 4。选择【3D 草图】命令，利用【样条曲线】命令创建 3D 草图 6，选择【模型】→【扫描】命令，【轮廓】选择"草图链 2"，【路径】选择"草图链 1"，创建扫描曲面 4，如图 3-45 所示。

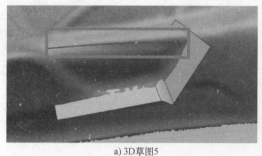 

a) 3D 草图5　　　　　　　　　　b) 扫描曲面4

图 3-45　创建扫描曲面 4

10）延长扫描曲面 4 并剪切。选择【模型】→【延长曲面】命令，【边线／面】选择扫描曲面 4 的边线，设置延长距离为 11.9mm，方向向外，如图 3-46 所示。选择【模型】→【剪切曲面】命令，【工具要素】为"扫描 4""圆角 9"和"面片拟合 14"，【残留体】为点云上面的曲面，如图 3-47 所示。

图 3-46　延长扫描曲面 4　　　　　　　图 3-47　剪切扫描曲面 4

11）拟合曲面 16～曲面 18。选择【模型】→【面片拟合】命令，通过领域创建拟合曲面 16～曲面 18，如图 3-48 所示。

  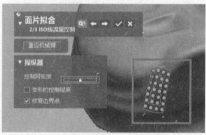

a) 拟合曲面16　　　　　b) 拟合曲面17　　　　　c) 拟合曲面18

图 3-48　拟合曲面 16～曲面 18

12）绘制 3D 草图 7，剪切曲面。选择【3D 草图】命令，利用【样条曲线】命令创建 3D 草图 7，如图 3-49 所示；选择【剪切曲面】命令，【工具要素】为 3D 草图 7，【对象】为"面片拟合 17～19"，【残留体】为点云上面的曲面，如图 3-50 所示。

13）创建放样曲面 1。选择【模型】→【放样曲面】命令，【轮廓】依次选择剪切后的拟合曲面 17 和拟合曲面 18 的边界线（注：若选择的曲线存在分段，可以按住〈Shift〉键同时选择）。设置【起始】→【终止约束条件】为与面相切，创建放样曲面 1，如图 3-51 所示；依次选择剪切后的拟合曲面 17 和曲面 16 的边界线，创建放样曲面 2，如图 3-52 所示。

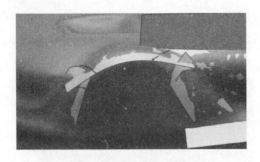

图 3-49　创建 3D 草图 7

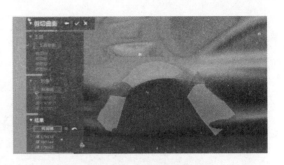

图 3-50　剪切拟合曲面

图 3-51　放样曲面 1

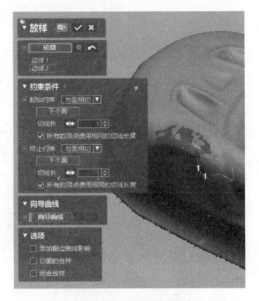

图 3-52　放样曲面 2

14）创建缝合曲面 1。选择【模型】→【缝合】命令，【曲面体】为剪切后的拟合曲面 16～曲面 18 和放样曲面 1、曲面 2，单击 图标确定，创建缝合曲面 1，如图 3-53 所示。

15）创建拟合曲面 19，剪切曲面。

① 选择【模型】→【面片拟合】命令，创建拟合曲面 19，如图 3-54 所示。

② 选择【3D 草图】命令，利用【样条曲线】命令创建 3D 草图 8，如图 3-55 所示。

③ 选择【剪切曲面】命令，【工具要素】为"3D 草图 8"，【对象】为"面片拟合 4""面片拟合 13"，设置【残留体】为点云上面的曲面，如图 3-56 所示。

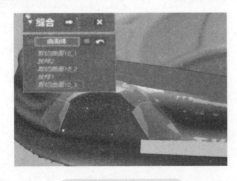

图 3-53　缝合曲面 1

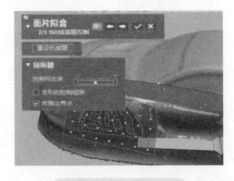

图 3-54　拟合曲面 19

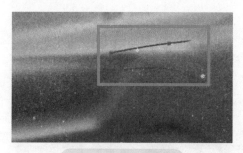

图 3-55　3D 草图 8

图 3-56　剪切拟合曲面

16）创建放样曲面 3、缝合曲面 2。选择【模型】→【放样曲面】命令，【轮廓】依次选择剪切后的拟合曲面 4 和拟合曲面 13 的边界线，设置【起始约束】→【终止约束】条件为 "与面相切"，创建放样曲面 3，如图 3-57 所示；选择【模型】→【缝合】命令，【曲面体】为剪切后的拟合曲面 4、曲面 13 和放样曲面 3，创建缝合曲面 2，如图 3-58 所示。

图 3-57　放样曲面 3

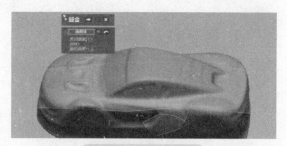

图 3-58　缝合曲面 2

17）创建拟合曲面 20 和曲面 21。选择【模型】→【面片拟合】命令，创建拟合曲面 20 和曲面 21，如图 3-59 所示。

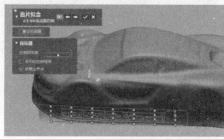

a) 拟合曲面20

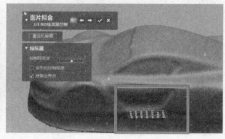

b) 拟合曲面21

图 3-59　拟合曲面 20 和曲面 21

18）剪切曲面 12。选择【3D 草图】命令，利用【样条曲线】命令创建 3D 草图 9，如图 3-60 所示。选择【剪切曲面】命令，【工具要素】为 "3D 草图 9"，【对象】为放样曲面 3 和拟合曲面 21，设置【残留体】为点云上面的曲面，单击 ✓ 图标确定，如图 3-61 所示。

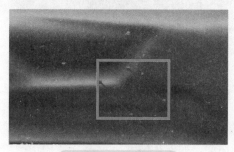

图 3-60　3D 草图 9

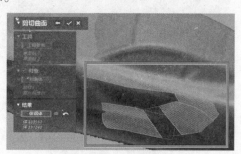

图 3-61　剪切曲面 12

19）创建放样曲面 4、剪切曲面 12_2。

① 选择【模型】→【放样曲面】命令，【轮廓】依次选择剪切后的拟合曲面 21 和缝合曲面 2 的边界线，设置【起始】→【终止约束】条件为"与面相切"，创建放样曲面 4，如图 3-62 所示。

② 选择【剪切曲面】命令，【工具要素】为"圆角 8"，【对象】为"剪切曲面 12_2"，【残留体】为点云上面的曲面，如图 3-63 所示。

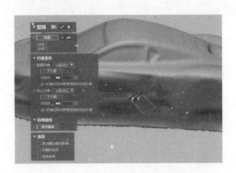
图 3-62　放样曲面 4

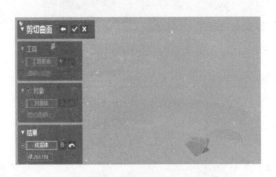
图 3-63　剪切曲面 12_2

20）绘制 3D 草图 10，剪切曲面。选择【3D 草图】命令，利用【样条曲线】命令创建 3D 草图 10，如图 3-64 所示。选择【剪切曲面】命令，【工具要素】为"剪切曲面 13"和"3D 草图 10"，【对象】为"圆角 8"，【残留体】为点云上面的曲面，如图 3-65 所示。

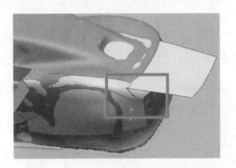
图 3-64　3D 草图 10

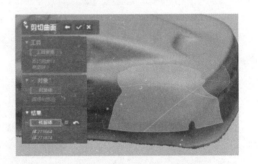
图 3-65　剪切曲面（圆角 8）

21）创建拟合曲面 22 和曲面 23。选择【模型】→【面片拟合】命令，创建拟合曲面 22 和曲面 23，如图 3-66 所示。

a) 拟合曲面22

b) 拟合曲面23

图 3-66　拟合曲面 22 和曲面 23

22）剪切曲面 15 并倒圆角。选择【模型】→【剪切曲面】命令，设置【工具要素】为拟合曲面 20、拟合曲面 22 和拟合曲面 23，设置【残留体】为点云上面的曲面，如图 3-67 所示。选中【固定圆角】，对剪切曲面 15 轮廓边进行倒圆角，如图 3-68 所示。

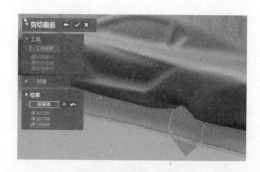

图 3-67　剪切曲面

图 3-68　剪切曲面 15 并倒圆角

23）剪切曲面 16 并倒圆角。选择【剪切曲面】命令，设置【工具要素】为"面片拟合 12"和"剪切曲面 14"，设置【残留体】为点云上面的曲面，如图 3-69 所示。选中【可变圆角】，对剪切曲面 16 轮廓边进行倒圆角，勾选【选项】→【切线扩展】，设置起始半径为 40mm，末端半径为 5mm（注：圆角参数仅供参考），如图 3-70 所示。

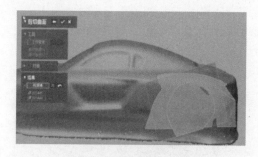

图 3-69　剪切曲面 16

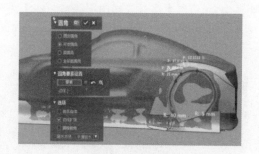

图 3-70　倒圆角

24）利用 3D 草图 11 剪切曲面。选择【3D 草图】命令，利用【样条曲线】命令创建 3D 草图 11，如图 3-71 所示。选择【剪切曲面】命令，【工具要素】为"3D 草图 11"，【对象】为"剪切曲线 13"和"放样曲面 4"，设置【残留体】为点云上面的曲面；设置【工具要素】为"3D 草图 11"，【对象】为"圆角 12"，【残留体】为点云上面的曲面，单击 ✓ 图标确定，如图 3-72 所示。

图 3-71　3D 草图 11

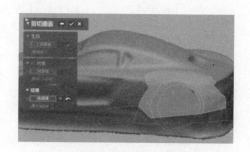

图 3-72　剪切曲面

25）创建放样曲面 5 并延长。

① 选择【3D 草图】命令，利用【样条曲线】命令创建 3D 草图 12，如图 3-73 所示。

② 选择【模型】→【放样曲面】命令，【轮廓】依次选择剪切后的拟合曲面 21 和 3D 草图 12 的边界线，【起始约束】为"无"，【终止约束】为"与面相切"，创建放样曲面 5；选择【延长曲面】命令，选择放样曲面 5 的边线，延长距离为 6mm，如图 3-74 所示。

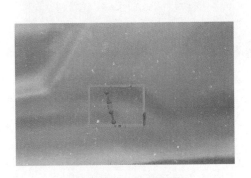

图 3-73　3D 草图 12

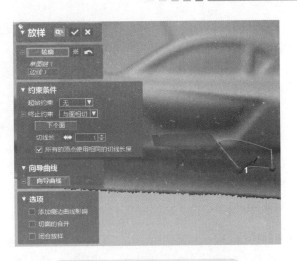

图 3-74　创建放样曲面 5 并延长

26）分割拟合曲面 23。

①选择【3D 草图】命令，利用【样条曲线】命令创建 3D 草图 13，如图 3-75 所示。

②选择【模型】→【分割面】命令，再选择【投影】，【工具要素】为"3D 草图 13"，【对象要素】为"拟合曲面 23"，然后选择【选项】为【两侧】，如图 3-76 所示。

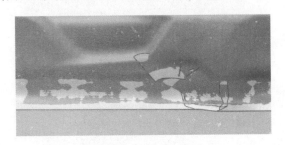

图 3-75　3D 草图 13

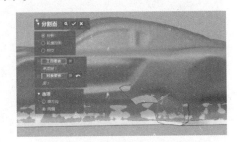

图 3-76　分割拟合曲面 23

27）创建放样曲面 6、缝合曲面 3。选择【模型】→【放样曲面】命令，【轮廓】依次选择剪切曲面 20 和放样曲面 5 的边界线，【起始约束】为"与面相切"，【终止约束】为"与面相切"，创建放样曲面 6，如图 3-77 所示；选择【模型】→【缝合】命令，【曲面体】为"剪切曲面 19"和"放样"6，创建缝合曲面 3，如图 3-78 所示。

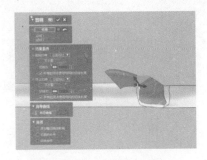

图 3-77　放样曲面 6

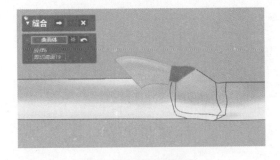

图 3-78　缝合曲面 3

28）利用 3D 草图 15 剪切曲面。

①选择【3D 草图】命令，利用【样条曲线】命令创建 3D 草图 15，如图 3-79 所示。

②选择【剪切曲面】命令，【工具要素】为"3D 草图 15"，【对象】为"剪切曲面 20"和"放样曲面

6",【残留体】为点云上面的曲面,单击✓图标确定,如图3-80所示。

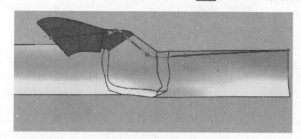

图 3-79 3D 草图 15

图 3-80 剪切放样曲面 6

29）创建放样曲面7~曲面9、缝合曲面4。选择【模型】→【放样曲面】命令,【轮廓】依次选择剪切曲面17、曲面18和曲面21的边界线,【起始约束】为"无",【终止约束】为"无",单击✓图标确定,分别创建放样曲面7~曲面9。选择【模型】→【缝合】命令,【曲面体】为剪切曲面17、曲面18、曲面21和放样曲面7~曲面9,创建缝合曲面4,如图3-81所示。

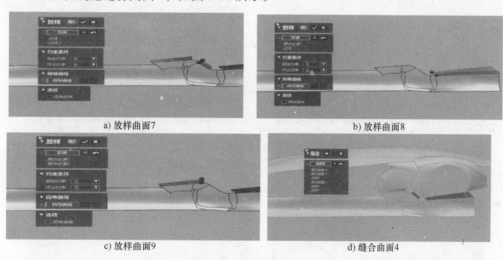

a) 放样曲面7

b) 放样曲面8

c) 放样曲面9

d) 缝合曲面4

图 3-81 放样曲面并缝合

30）填补面并剪切曲面。选择【模型】→【面填补】命令,【边线】选择需要填补的边线,创建填补曲面,如图3-82所示;选择【剪切曲面】命令,【工具要素】为"放样2"和"面片拟合20",【残留体】为点云上面的曲面,单击✓图标确定,如图3-83所示。

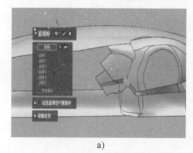

a)   b)

图 3-82 面填补

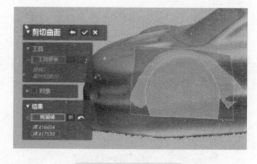

图 3-83 剪切曲面

31）利用3D草图16剪切曲面。选择【3D草图】命令,利用【样条曲线】命令创建3D草图16;选择【剪切曲面】命令,【工具要素】为"3D草图16",【对象体】为"曲面偏移2",【残留体】为点云上面的曲面,如图3-84所示。

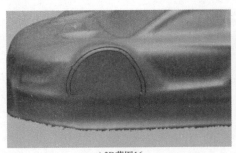

a) 3D草图16   b) 剪切平面

图 3-84　利用 3D 草图 16 剪切曲面

32）分割缝合曲面 1。选择【模型】→【分割面】命令，选择【投影】,【工具要素】为"3D 草图 16"，【对象要素】为"缝合曲面 1"，选择【选项】→【两侧】，如图 3-85 所示。

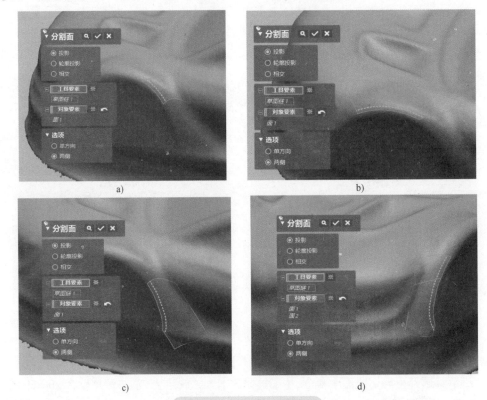

a)   b)

c)   d)

图 3-85　分割缝合曲面 1

33）创建缝合曲面 5，分割面和删除面。选择【模型】→【缝合】命令，【曲面体】为剪切曲面 22、曲面 23 和圆角 13，创建缝合曲面 5；选择【3D 草图】命令，利用【样条曲线】命令创建 3D 草图 17，如图 3-86 所示；选择【模型】→【分割面】命令，选择【投影】，【工具要素】为"3D 草图 17"，【对象要素】为"缝合曲面 1"，删除需要删除的面，如图 3-87 所示。

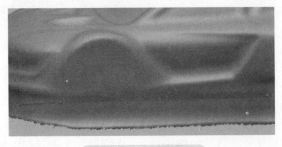

图 3-86　3D 草图 17

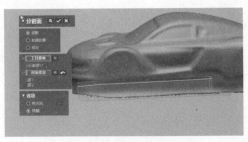

图 3-87　分割和删除面

34）绘制 3D 草图 18，剪切曲面 24。选择【3D 草图】命令，利用【样条曲线】命令创建 3D 草图 18，如图 3-88 所示；选择【剪切曲面】命令，【工具要素】为 "3D 草图 18"，【对象体】为 "剪切曲面 24"，设置【残留体】为点云上面的曲面，如图 3-89 所示。

图 3-88　3D 草图 18

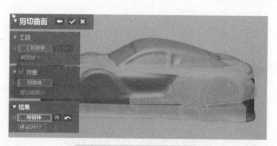

图 3-89　剪切曲面 24

35）创建放样曲面 10。选择【3D 草图】命令，利用【样条曲线】命令创建 3D 草图 19，如图 3-90 所示；选择【模型】→【放样曲面】命令，【轮廓】依次选择 3D 草图 19 的边界线，【起始约束】为 "无"，【终止约束】为 "无"，【向导曲线】选择分割面 6 的边线，创建放样曲面 10，如图 3-91 所示。

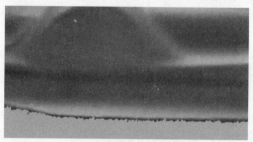

图 3-90　3D 草图 19

图 3-91　放样曲面 10

36）绘制 3D 草图。选择【3D 草图】→【3D 草图】命令，利用【样条曲线】命令创建 3D 草图 20、21、22，如图 3-92 所示。

图 3-92　3D 草图 20、21、22

37）剪切曲面。选择【剪切曲面】命令，【工具要素】分别为 3D 草图 20、21，【对象体】分别为放样 10 和剪切曲面 25，设置【残留体】为点云上面的曲面，如图 3-93 所示。

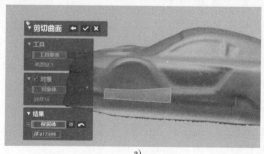
a)

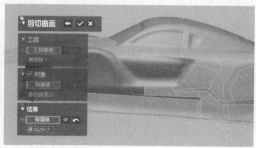
b)

图 3-93　剪切曲面

38）创建放样曲面 11、缝合曲面 6。选择【模型】→【放样曲面】命令，【轮廓】依次选择剪切曲面 26、曲面 27 的边界线，【起始约束】为"与面相切"，【终止约束】为"与面相切"，创建放样曲面 11，如图 3-94 所示；选择【模型】→【缝合】命令，【曲面体】为"剪切曲面 27""剪切曲面 26"和"放样 11"，创建缝合曲面 6，如图 3-95 所示。

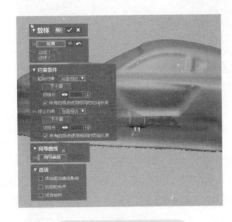

图 3-94　放样曲面 11

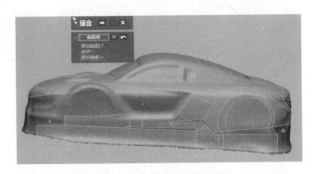

图 3-95　创建缝合曲面 6

39）创建缝合曲面 7。利用【样条曲线】命令创建 3D 草图 23，选择【分割面】命令，选择【投影】，【工具要素】为 3D 草图 23，【对象要素】为缝合曲面 5，如图 3-96 所示；选择【缝合】命令，【曲面体】为剪切曲面 28、曲面 29 和"放样 12"，创建缝合曲面 7，如图 3-97 所示。

图 3-96　分割缝合曲面 5

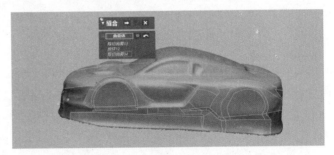

图 3-97　创建缝合曲面 7

（5）创建车身其他细节特征

1）拟合曲面 24 ～曲面 27。选择【面片拟合】命令，拟合曲面 24 ～曲面 27，如图 3-98 所示。

2）绘制 3D 草图 24，剪切曲面。选择【3D 草图】命令，利用【样条曲线】命令创建 3D 草图 24，如图 3-99 所示；选择【剪切曲面】命令，【工具要素】为"3D 草图 24"，【对象体】为"面片拟合 27"，如图 3-100 所示。

3）创建放样曲面 13、拉伸曲面 2。选择【放样曲面】命令，【轮廓】依次选择 3D 草图 24 和剪切曲面 30 的边界线，【起始约束】为"无"，【终止约束】为"与面相切"，创建放样曲面 13，如图 3-101 所示；选择【草图】命令，利用【直线】【圆角】命令创建草图 2；选择【拉伸】命令，【轮廓】为"草图 2"，【自定义方向】为右平面（参考），【方法】中设置【距离】为 -140mm，创建拉伸曲面 2，如图 3-102 所示。

4）创建并剪切曲面 28。选择【剪切曲面】命令，【工具要素】为"剪切曲面 30""放样曲面 13"和"拉伸草图 2"，【对象体】为无，【残留体】为点云上面的曲面；选择【面片拟合】命令，创建拟合曲面 28，如图 3-103 所示；选择【剪切曲面】命令，【工具要素】为"剪切曲面 38"，【对象体】为面片拟合 30，【残留体】为点云上面的曲面，单击 ✓ 图标确定，如图 3-104 所示。

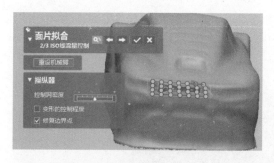
a) 拟合曲面24

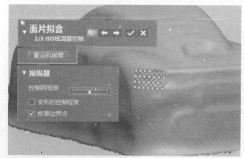
b) 拟合曲面25

c) 拟合曲面26

d) 拟合曲面27

图 3-98　拟合曲面 24 ～ 曲面 27

图 3-99　3D 草图 24

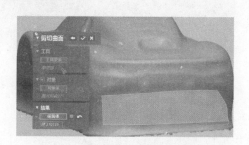
图 3-100　创建拟合曲面 27

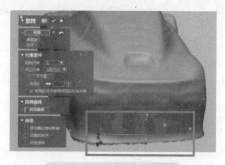
图 3-101　放样曲面 13

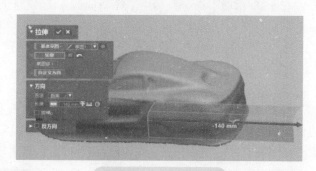
图 3-102　拉伸曲面 2

图 3-103　拟合曲面 28

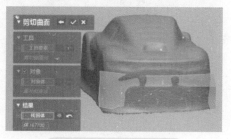
图 3-104　剪切曲面 28

5）利用 3D 草图 25 剪切曲面。选择【3D 草图】命令，利用【样条曲线】命令创建 3D 草图 25，如图 3-105 所示；选择【剪切曲面】命令，【工具要素】为"3D 草图 25"，【对象体】为剪切曲面 39，【残留体】为点云上面的曲面，如图 3-106 所示。

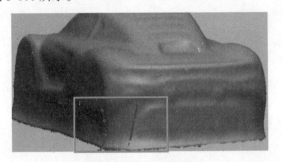

图 3-105　3D 草图 25

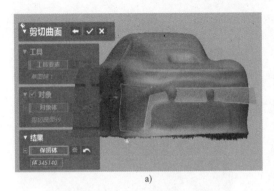

a)

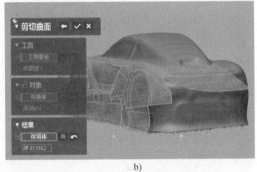

b)

图 3-106　剪切曲面

6）创建放样曲面 14，剪切曲面 34 选择【放样曲面】命令，【轮廓】依次选择剪切曲面 33、曲面 34 的边界线，【起始约束】为"与面相切"，【终止约束】为"与面相切"，创建放样曲面 14，如图 3-107 所示；选择【3D 草图】命令，利用【样条曲线】命令创建 3D 草图 26，如图 3-108a 所示；选择【模型】→【剪切曲面】命令，设置【工具要素】为"3D 草图 26"，【对象体】为剪切曲面 41，【残留体】为点云上面的曲面，单击 ✓ 图标确定，如图 3-108b 所示。

图 3-107　放样曲面 14

7）创建放样曲面 15。选择【剪切曲面】命，【工具要素】为"3D 草图 27"，【对象体】为"面片拟合 26"，【残留体】为点云上面的曲面，单击 ✓ 图标确定，如图 3-109 所示。选择【放样曲面】命令，【轮廓】依次选择剪切曲面 35、曲面 36 的边界线，【起始约束】为"与面相切"，【终止约束】为"与面相切"，单击 ✓ 图标确定，创建放样曲面 15，如图 3-110 所示。

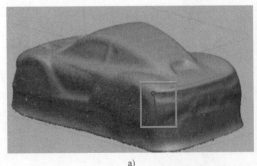

a)

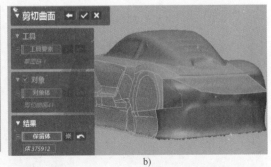

b)

图 3-108　3D 草图 26

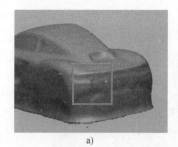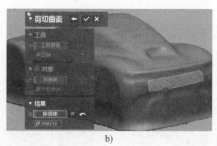

图 3-109　剪切曲面 33

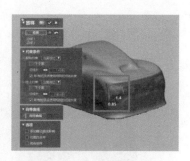

图 3-110　放样曲面 15

8）创建放样曲面 16。选择【3D草图】命令，利用【样条曲线】命令创建 3D 草图 28，如图 3-111 所示；选择【剪切曲面】命令，【工具要素】为 "3D 草图 28"，【对象体】为拟合曲面 24 和曲面 25；选择【放样曲面】命令，【轮廓】依次选择剪切后的拟合曲面 24 和曲面 25 的边界线，【起始约束】为 "与面相切"，【终止约束】为 "与面相切"，创建放样曲面 16，如图 3-112 所示。

图 3-111　3D 草图 28

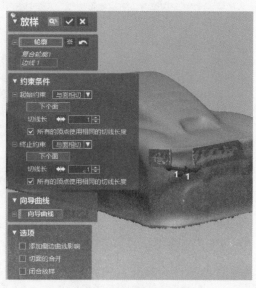

图 3-112　放样曲面 16

9）利用 3D 草图 29 剪切曲面。选择【3D草图】命令，利用【样条曲线】命令创建 3D 草图 29，如图 3-113 所示；选择【剪切曲面】命令，【工具要素】为 "3D 草图 29"，【对象体】为剪切曲面 33 和放样曲面 14，【对象体】为剪切曲面 42、剪切曲面 43 和放样曲面 44，【残留体】为点云上面的曲面，单击✔图标确定，如图 3-114 所示。

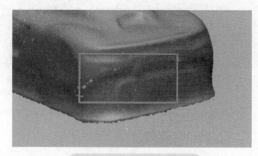

图 3-113　3D 草图 29

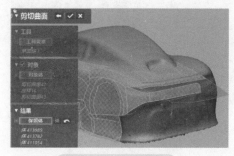

图 3-114　剪切曲面

10）创建放样曲面 17 并剪切。

①选择【放样曲面】命令，【轮廓】依次选择剪切曲面 38 和剪切曲面 39 的边界线，【起始约束】为

"无"，【终止约束】为"无"，创建放样曲面17，如图3-115a所示。

② 选择【3D草图】命令，利用【样条曲线】命令创建3D草图30、31，如图3-115b、c所示；选择【剪切曲面】命令，【工具要素】为3D草图30、31，【对象体】为剪切曲面38，【残留体】为点云上面的曲面，如图3-115d所示。

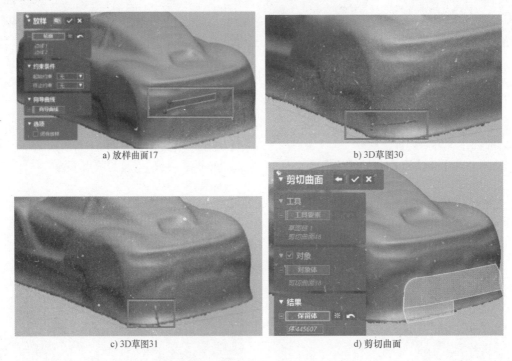

a) 放样曲面17

b) 3D草图30

c) 3D草图31

d) 剪切曲面

图 3-115　放样曲面 17 并剪切

11）创建填补曲面3并拉伸。选择【面填补】命令，【边线】选择需要填补的边线，创建填补曲面3，如图3-116所示。选择【草图】命令，设置【基准平面】为"前"，利用【直线】【圆角】命令，创建草图3；选择【拉伸】命令，【轮廓】为草图3，【自定义方向】为右平面（仅作参考），【方法】设置距离 -90mm，单击 ✔ 图标确定如图3-117所示。

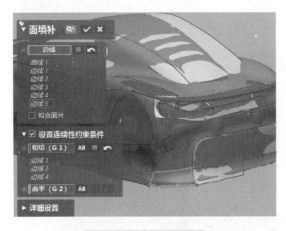

图 3-116　填补曲面 3

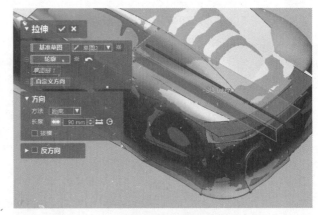

图 3-117　拉伸曲面

12）剪切扫描曲面2。选择【剪切曲面】命令，【工具要素】为"拉伸3"和"放样17"，【对象体】无，【残留体】为点云上面的曲面；【工具要素】为缝合曲面2，【对象体】为"扫描2"，设置【残留体】为点云上面的曲面，如图3-118所示。

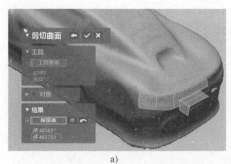
a)

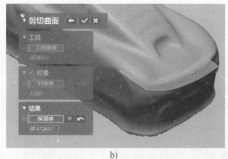
b)

图 3-118 剪切扫描曲面 2

13）利用 3D 草图 33、34 剪切曲面。选择【3D 草图】命令，利用【样条曲线】命令创建 3D 草图 33、34，如图 3-119a、b 所示；选择【剪切曲面】命令，设置【工具要素】为 3D 草图 33、3D 草图 34 和剪切曲面 52，设置【对象体】为剪切曲面 42、曲面面填补 3，设置【残留体】为点云上面的曲面，单击 ✔ 图标确定，如图 3-119c 所示。

a）3D 草图 33

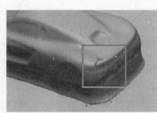
b）3D 草图 34

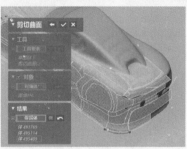
c）剪切曲面

图 3-119 绘制 3D 草图并剪切

14）创建放样曲面 18，剪切曲面 44。

① 选择【放样曲面】命令，【轮廓】依次选择剪切曲面 43 和剪切曲面 44 的边界线，【起始约束】为"与面相切"，【终止约束】为"与面相切"，创建放样曲面 18，如图 3-120 所示。

② 选择【3D 草图】命令，利用【样条曲线】命令创建 3D 草图 35，如图 3-121 所示；选择【剪切曲面】命令，【工具要素】为 3D 草图 35，【对象体】为剪切曲面 44，【残留体】为点云上面的曲面，单击 ✔ 图标确定。

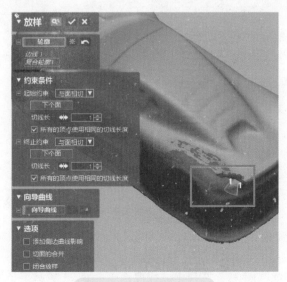

图 3-120 放样曲面 18

图 3-121 3D 草图 35

15）创建填补曲面 4、拟合曲面 29。选择【模型】→【面填补】命令，【边线】选择需要填补的边线，创建填补曲面 4，如图 3-122 所示；选择【模型】→【面片拟合】命令，创建拟合曲面 29，如图 3-123 所示。

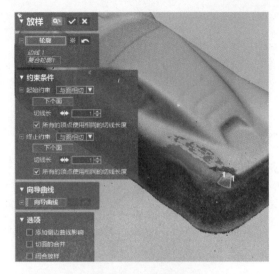

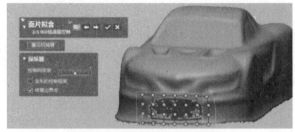

图 3-122　填补曲面 4　　　　　　　　　图 3-123　拟合曲面 29

16）创建拉伸曲面 4 并剪切。

① 选择【草图】命令，设置【基准平面】为"右"，利用【直线】【圆角】命令，创建草图 4，如图 3-124a 所示。

② 选择【拉伸】命令，【轮廓】为草图 4，设置【自定义方向】为右平面（仅作参考），【方法】设置距离 120mm，创建拉伸曲面 4，如图 3-124b 所示。

③ 选择【剪切曲面】命令，【工具要素】为拟合曲面 29 和拉伸曲面 4，【对象体】无，设置【残留体】为点云上面的曲面，单击确定，如图 3-124c 所示。

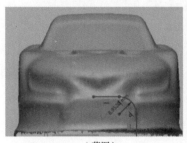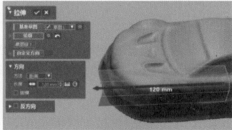

a) 草图4　　　　　　　　b) 拉伸曲面4　　　　　　　　c) 剪切曲面

图 3-124　创建拉伸曲面 4 并剪切

17）创建拟合曲面 30 并剪切。

① 选择【模型】→【面片拟合】命令，创建拟合曲面 30，如图 3-125a 所示。

② 选择【3D 草图】命令，利用【样条曲线】命令创建 3D 草图 36，如图 3-125b 所示；选择【剪切曲面】命令，【工具要素】为 3D 草图 36，【对象体】为剪切曲面 45 和拟合曲面 30，【残留体】为点云上面的曲面，如图 3-125c 所示。

18）创建放样曲面 19、20。选择【放样曲面】命令，【轮廓】依次选择剪切曲面 45 和拟合曲面 30 的边界线，【起始约束】为"与面相切"，【终止约束】为"与面相切"，创建放样曲面 19，如图 3-126 所示；选择【3D 草图】命令，利用【样条曲线】命令创建 3D 草图 37，选择【放样曲面】命令，【轮廓】依次选择 3D 草图 37 线，【起始约束】为"无"，【终止约束】为"无"，创建放样曲面 20，如图 3-127 所示。

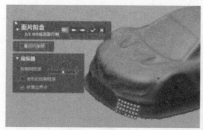
a) 拟合曲面30

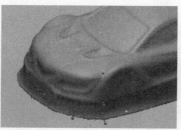
b) 3D草图36

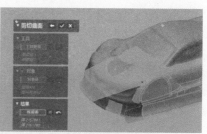
c) 剪切曲面

图 3-125　创建拟合曲面 30 并剪切

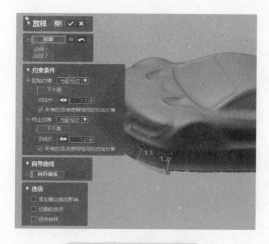

图 3-126　放样曲面 19

图 3-127　放样曲面 20

19）利用 3D 草图 38 剪切曲面。选择【3D 草图】命令，利用【样条曲线】命令创建 3D 草图 38，如图 3-128 所示；选择【剪切曲面】命令，【工具要素】为 3D 草图 38，【对象体】为面片拟合 5，【残留体】为点云上面的曲面，单击 ✅ 确定，如图 3-129 所示。

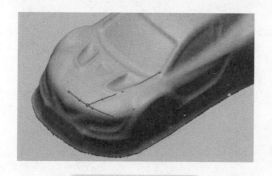

图 3-128　3D 草图 38

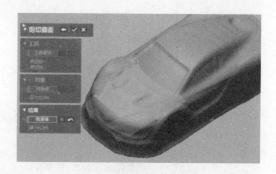

图 3-129　剪切曲面 47

20）绘制 3D 草图 39，分割并删除面。选择【3D 草图】命令，利用【样条曲线】命令创建 3D 草图 39，如图 3-130 所示；选择【分割面】命令，选择【投影】，【工具要素】为 3D 草图 39，【对象要素】为剪切曲面 47，删除需要删除的面，如图 3-131 所示。

21）创建放样曲面 21、拟合曲面 31。选择【放样曲面】命令，【轮廓】依次选择剪切曲面 47 的边线，【起始约束】为"无"，【终止约束】为"无"，创建放样曲面 21，如图 3-132 所示；选择【模型】→【面片拟合】命令，创建拟合曲面 31；选择【剪切曲面】命令，剪切曲面，如图 3-133 所示。

图 3-130　3D 草图 39

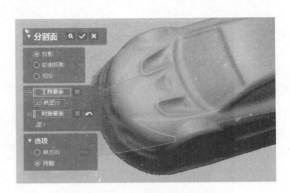

图 3-131　分割剪切曲面 47

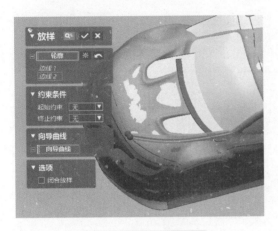

图 3-132　放样曲面 21

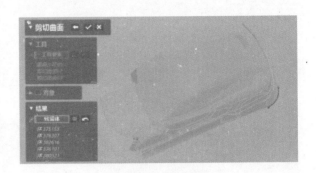

图 3-133　剪切曲面

22）放样曲面。选择【放样曲面】命令，依次选择拟合曲面 5 和放样曲面 20，【起始约束】为"与面相切"，【终止约束】为"与面相切"，创建放样曲面 22、23，如图 3-134 所示；选择【面填补】命令，【边线】选择需要填补的边线，创建填补曲面 5。

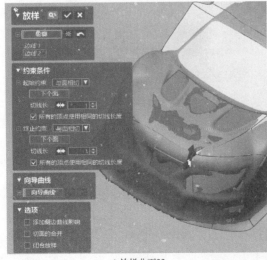

a) 放样曲面22

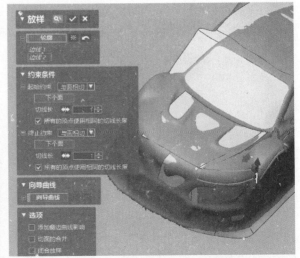

b) 放样曲面23

图 3-134　放样曲面 22、23

23）创建曲面偏移 3 并剪切。选择【曲面偏移】命令，【面】选择剪切曲面 49 和放样曲面 23，【偏移距离】为 0mm，如图 3-135 所示；选择【3D 草图】命令，利用【样条曲线】命令创建 3D 草图 42，如

图 3-136 所示；选择【剪切曲面】命令，【工具要素】为 3D 草图 42，【对象体】为"曲面偏移 3"，【残留体】为点云上面的曲面，如图 3-137 所示。

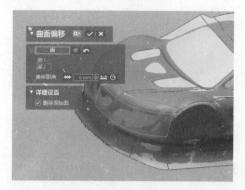

图 3-135　曲面偏移 3

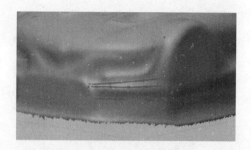

图 3-136　3D 草图 42

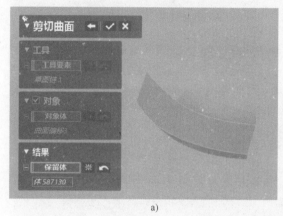

a)　　　　　　　　　　　　　　　b)

图 3-137　剪切曲面偏移 3

24）放样曲面。选择【放样曲面】命令，【轮廓】依次选择剪切曲面 66 和 3D 草图 42 边线，【起始约束】为"无"，【终止约束】为"无"，创建放样曲面 24，如图 3-138 所示。

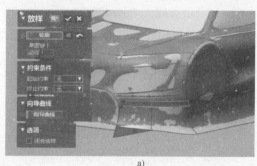

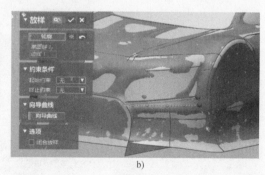

a)　　　　　　　　　　　　　　　b)

图 3-138　放样曲面 24

25）创建填补曲面 6。选择【剪切曲面】命令，【工具要素】为剪切曲面 65 和剪切曲面 67，【对象体】为剪切曲面 65 和放样曲面 67，【残留体】为点云上面的曲面；选择【面填补】命令，【边线】选择需要填补的边线，创建填补曲面 6，如图 3-139 所示。

26）利用 3D 草图 43～45 剪切曲面。选择【3D 草图】命令，利用【样条曲线】命令创建 3D 草图 43～45。如图 3-140 所示；选择【剪切曲面】命令，进行剪切曲面 69，【残留体】为点云上面的曲面，单击 ✔ 图标确定，如图 3-141 所示。

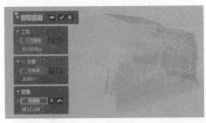  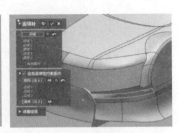

a) 选择工具要素   b) 选择残留体   c) 填补曲面6

图 3-139　剪切曲面并创建填补曲面 6

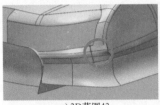  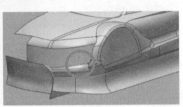

a) 3D草图43   b) 3D草图44   c) 3D草图45

图 3-140　3D 草图 43 ～ 45

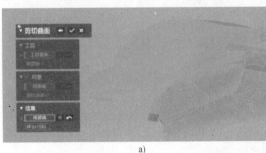 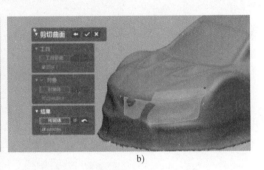

a)   b)

图 3-141　剪切曲面

27）创建缝合曲面 8、填补曲面 7。选择【缝合】命令，选择要缝合的曲面，创建缝合曲面 8，如图 3-142 所示；选择【面填补】命令，选择需要填补的边线，创建填补曲面 7，如图 3-143 所示。

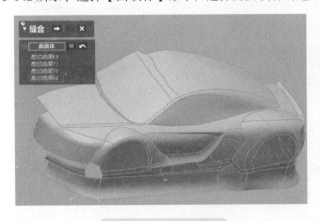 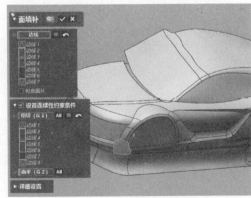

图 3-142　缝合曲面 8   图 3-143　填补曲面 7

28）创建拉伸曲面 5 并分割和删除。选择【草图】命令，设置【基准平面】为"右"，进入草图模式，利用【直线】【圆角】命令，创建草图 5；选择【拉伸】命令，【轮廓】为草图 5，【自定义方向】为右平面（仅作参考），【方法】设置距离 120mm；选择【分割面】命令，选择【相交】，【工具要素】为"拉伸5"，【对象要素】为剪切曲面60,删除需要删除的面,如图3-144所示。

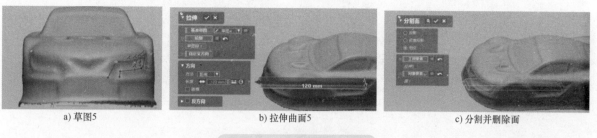

a) 草图5   b) 拉伸曲面5   c) 分割并删除面

图 3-144 拉伸曲面并分割

29)扫描曲面5~曲面8。选择【模型】→【扫描】命令,【轮廓】选择分割面12,【路径】选择3D草图47,【状态/捻度】→【方法】选择"沿路径",如图3-145所示。

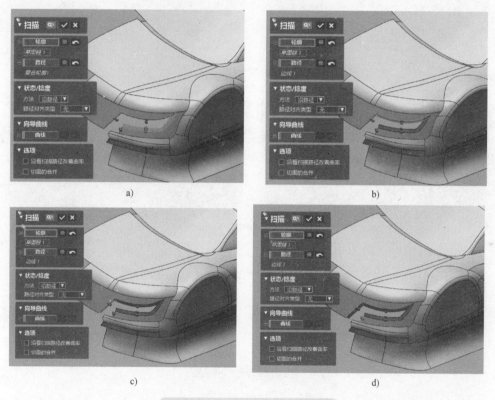

a)   b)

c)   d)

图 3-145 扫描曲面5~曲面8

30)延长曲面23~曲面26。选择【延长曲面】命令,【边线/面】选择扫描曲面5~曲面8的边线,【终止条件】→【距离】分别为4.5mm、1mm、3.15mm和3.15mm,方向向外,如图3-146所示。

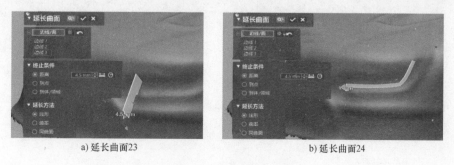

a) 延长曲面23   b) 延长曲面24

图 3-146 延长曲面23~曲面26

c) 延长曲面25

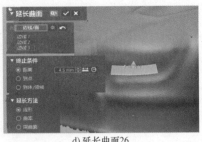

d) 延长曲面26

图 3-146　延长曲面 23 ～曲面 26（续）

31）剪切曲面。选择【剪切曲面】命令，【工具要素】为 3D 草图 45，【对象体】为曲面偏移 3，【残留体】为点云上面的曲面，如图 3-147 所示。

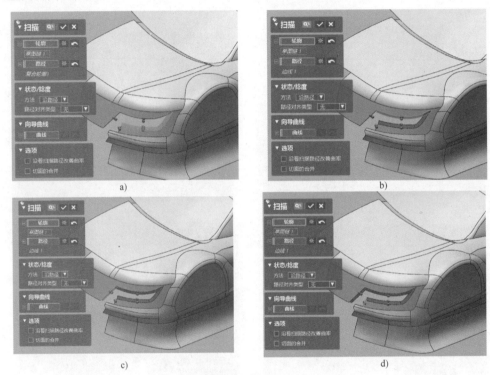

a)

b)

c)

d)

图 3-147　剪切曲面

32）创建草图 6、7。选择【草图】→【面片草图】命令，设置【基准平面】为"前"（仅作参考），进入草图模式，利用【圆角】命令，创建面片草图 6；设置【基准平面】为"上"（仅作参考），进入草图模式，利用【圆角】命令，创建面片草图 7，如图 3-148 所示。

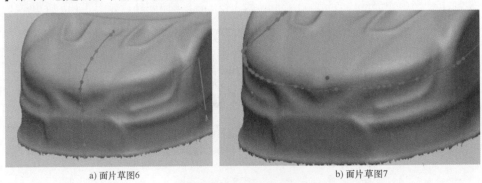

a) 面片草图6

b) 面片草图7

图 3-148　绘制草图

33）扫描曲面、拟合曲面、延长曲面。选择【模型】→【扫描】命令，【轮廓】选择面片草图6，【路径】选择面片草图7，【状态/捻度】→【方法】选择"沿路径"，单击 ✓ 图标确定；选择【面片拟合】命令，创建拟合曲面32；选择【延长曲面】命令，选择拟合曲面32的边线，设置【终止条件】→【距离】分别为5mm，方向向外，如图3-149所示。

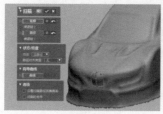

a) 扫描曲面　　　　　　　　b) 拟合曲面　　　　　　　　c) 延长曲面

图 3-149　扫描曲面、拟合曲面、延长曲面

34）偏移曲面4并剪切。选择【曲面偏移】命令，【面】选择剪切曲面61、曲面62和延长曲面27，【偏移距离】为0mm，如图3-150所示；选择【剪切曲面】命令，【工具要素】为"曲面偏移4"和延长曲面27，【残留体】为点云上面的曲面，如图3-151所示。

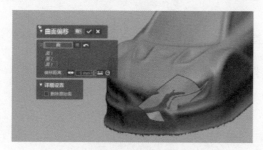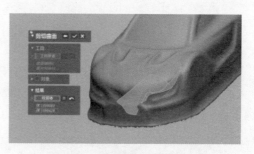

图 3-150　偏移曲面4　　　　　　　　　图 3-151　剪切偏移曲面4

35）创建拉伸曲面7并剪切。选择【草图】命令，设置【基准平面】为"前"（仅作参考），利用【直线】【圆角】命令，创建面片草图8；选择【拉伸】命令，【轮廓】为草图8，【自定义方向】为"右平面"（仅作参考），设置距离120mm；选择【剪切曲面】命令，【工具要素】为剪切曲面80和"拉伸7"，【残留体】为点云上面的曲面，如图3-152所示。

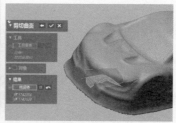

a) 面片草图8　　　　　　　　b) 拉伸曲面7　　　　　　　　c) 剪切曲面

图 3-152　拉伸曲面7并剪切

36）拉伸草图8，曲面偏移。选择【拉伸】命令，【轮廓】为草图8，【自定义方向】为"右平面"（仅作参考），距离123mm；选择【曲面偏移】命令，【面】选择剪切曲面61、62和延长曲面27，【偏移距离】为0mm，如图3-153所示。

37）剪切曲面77、曲面81。选择【剪切曲面】命令，【工具要素】为"曲面偏移5_2"和"剪切曲面81"，【残留体】为点云上面的曲面；选择【剪切曲面】命令，【工具要素】为"前平面"（仅供参考），【对象体】为"剪切曲面77"，【残留体】为点云上面的曲面，如图3-154所示。

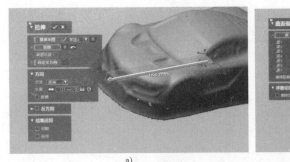

a)   b)

图 3-153　拉伸曲面 8 并偏移

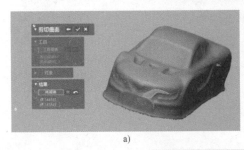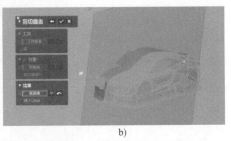

a)   b)

图 3-154　剪切曲面 77、曲面 81

38）绘制草图 9 并拉伸。选择【草图】→【面片草图】命令，设置【基准平面】为"前平面"（仅作参考），进入草图模式，利用【直线】命令创建面片草图 9；选择【拉伸】命令，【轮廓】为面片草图 9，【自定义方向】为"前平面"（仅作参考），设置距离 120mm，如图 3-155 所示。

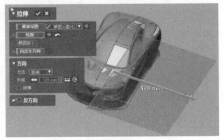

a) 面片草图9   b) 拉伸曲面

图 3-155　绘制草图 9 并拉伸

39）拉伸曲面并剪切曲面。选择【草图】命令，【基准平面】为"上平面"（仅作参考），进入草图模式，利用【转换实体】命令，创建面片草图 10；选择【拉伸】命令，【轮廓】为面片草图 10，【自定义方向】为"上平面"（仅作参考），设置距离 117.5mm，【反方向】设置【距离】为 5mm；选择【剪切曲面】命令，【工具要素】为拉伸曲面 6、曲面 9 和剪切曲面 78，【残留体】为点云上面的曲面，如图 3-156 所示。

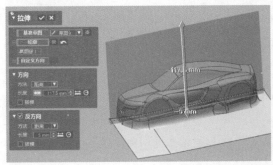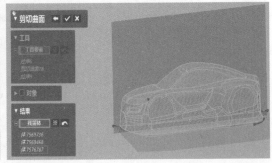

图 3-156　拉伸曲面并剪切曲面

40）倒圆角。选择【圆角】命令，单击【固定圆角】，对剪切曲面59进行倒圆角，如图3-157所示。

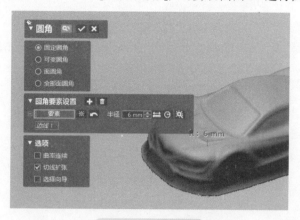

图 3-157 倒圆角

41）切割，镜像。选择【切割】命令，【工具要素】为"曲面偏移6"，【对象体】为"剪切曲面70"，【残留体】为点云上面的曲面；选择【镜像】命令，倒圆角37，【对称面】为前平面（仅作参考），如图3-158所示。

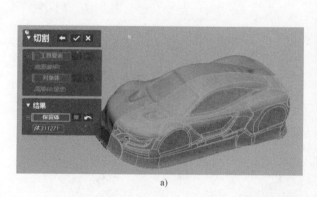
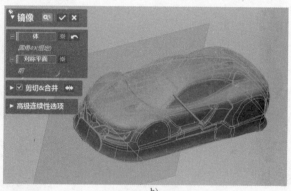

a)   b)

图 3-158 切割后镜像

42）完成模型，如图3-159所示。

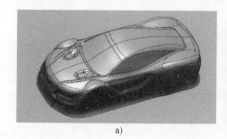
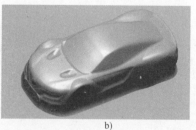

a)   b)

图 3-159 完成模型

3.3 直柄起子机模型三维重构

3.3.1 直柄起子机模型三维重构案例说明

1. 案例要求

案例：2020年全国职业院校技能大赛改革试点赛高职组工业设计技术赛项赛题——直柄起子机创新设

计与试制，任务 2 逆向建模。

要求如下：

1）合理还原产品数字模型，要求特征拆分合理、转角衔接圆润。优先完成主要特征，在完成主要特征的基础上再完成细节特征。整体拟合不得分。

2）实物的表面特征不得改变，数字模型比例（1∶1）不得改变。

2. 基本建模流程

1）导入点云数据。

2）建立坐标系。

3）创建模型主体特征。

4）创建模型具体细节特征。

3.3.2 直柄起子机模型三维重构基本流程

微课视频直通车 11：

直柄起子机模型三维重构

1. 创建平面 1～3

导入处理完成的【充电式直柄起子机 .stl】文件，方法选择【选择多个点】，创建平面 1，如图 3-160a 所示；选择【绘制直线】，创建平面 2，如图 3-160b 所示；方法选择【镜像】→【要素】，选择点云以及平面 2，创建平面 3，如图 3-160c 所示。

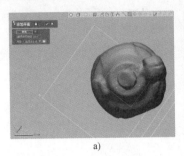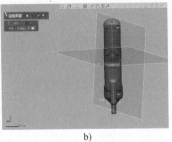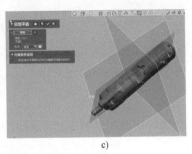

a)　　　　　　　　　b)　　　　　　　　　c)

图 3-160　创建平面 1～3

2. 绘制面片草图

单击菜单栏中【草图】→【面片草图】，基准平面选择【平面 1】，绘制一个圆，如图 3-161 所示；基准平面选择【平面 3】，绘制一条直线，如图 3-162 所示。

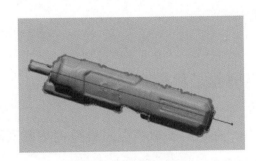

图 3-161　绘制圆　　　　　　　　　　图 3-162　绘制直线

3. 对齐坐标系

选择【对齐】→【手动对齐】→【下一阶段】,【移动】选择【X-Y-Z】模式,位置选择【顶点 1】,X 轴选择【曲线 1】,Z 轴选择【平面 3】,如图 3-163 所示,单击 ✓ 图标确认,对齐坐标系(注:用于创建坐标系的领域组和基准平面可隐藏或删除)。

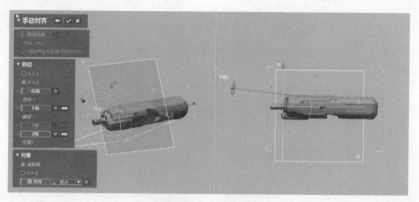

图 3-163　对齐坐标系

4. 通过拉伸创建曲面

创建面片草图,如图 3-164 所示设置,绘制面片草图如图 3-165 所示;利用【曲面拉伸】对图 3-166 所示轮廓线进行拉伸操作,【长度】设置为 30mm,【反方向】→【长度】设置为 20mm。

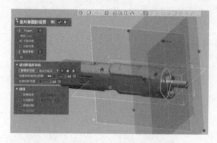　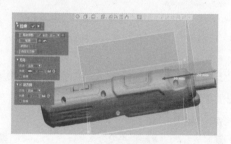

图 3-164　面片草图的设置　　　　图 3-165　绘制面片草图　　　　图 3-166　拉伸曲面

5. 通过实体回转创建曲面

将【基准平面】选择【拉伸 1】,创建面片草图,如图 3-167 所示设置;绘制图 3-168 所示的轮廓线;通过【实体回转】命令,轮廓选择【草图环路 1】,轴选择【曲线 1】,角度为 360°,获得回转曲面,如图 3-169 所示。

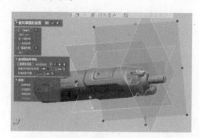　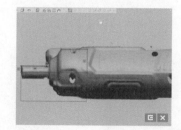　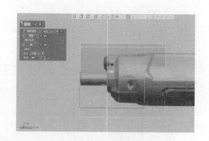

图 3-167　创建面片草图　　　　图 3-168　绘制轮廓线　　　　图 3-169　回转曲面

6. 倒圆角 1、2

倒圆角 1,半径为 4mm,如图 3-170 所示设置;倒圆角 2,半径为 2mm,如图 3-171 所示设置。

7. 绘制草图拉伸曲面

利用【三点圆弧】【直线】命令绘制外形,且线段的交界处需进行约束,如图 3-172 所示;通过【拉伸】命令设置长度为 30mm,如图 3-173 所示。

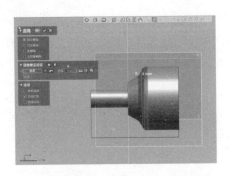

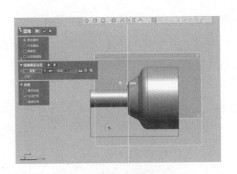

图 3-170　倒圆角 1　　　　　　　　　图 3-171　倒圆角 2

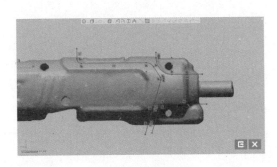

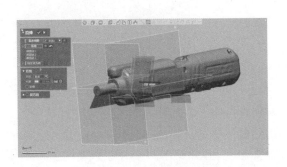

图 3-172　绘制草图　　　　　　　　　图 3-173　拉伸曲面

8. 曲面拟合

选择【画笔选择模式】，手动绘制领域，如图 3-174 所示；选择【面片拟合】，进行面片拟合操作，如图 3-175 和图 3-176 所示。

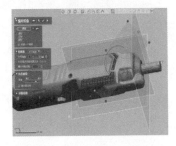

图 3-174　手动绘制领域　　　　图 3-175　面片拟合（一）　　　　图 3-176　面片拟合（二）

9. 剪切曲面

选择【剪切曲面】命令，【工具】【对象】【残留体】的设置如图 3-177 和图 3-178 所示。

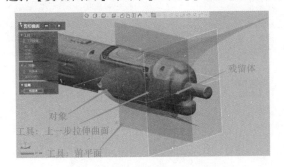

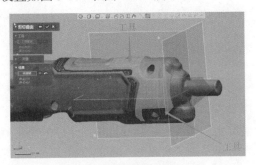

图 3-177　剪切曲面（一）　　　　　　图 3-178　剪切曲面（二）

10. 修剪曲面

倒圆角，半径为 5mm，如图 3-179 所示；剪切曲面，如图 3-180 所示。

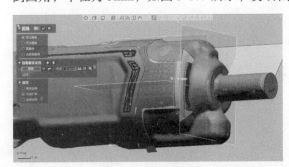

图 3-179 倒圆角

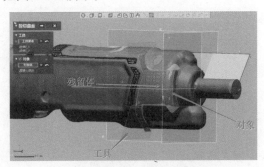

图 3-180 剪切曲面

11. 修整曲面

选择【切割】，【工具要素】【对象体】【残留体】的设置如图 3-181 所示；选择【删除面】，获得曲面如图 3-182 所示。

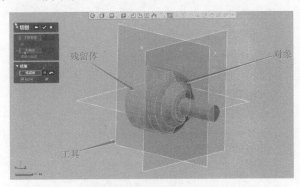

图 3-181 切割曲面

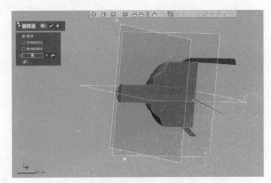

图 3-182 删除面

12. 拉伸草图

将【基准平面】选择【前平面】，利用【三点圆弧】【直线】命令绘制草图，且线段的交界处需进行约束，如图 3-183 所示；拉伸草图，长度设置为 30mm，如图 3-184 所示。

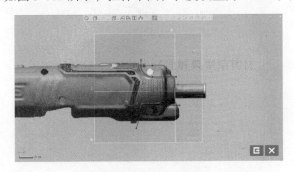

图 3-183 绘制草图

图 3-184 拉伸草图

13. 修整曲面

选择【删除面】，如图 3-185 所示设置；选择【曲面偏移】，偏移距离为 0；选择【剪切曲面】，【工具】选择【拉伸 3_2】【拉伸 3_1】，【对象体】【残留体】的设置如图 3-186 所示。

14. 删除面

选择【删除面】，如图 3-187 所示设置；选择【剪切曲面】，【工具】【对象】【残留体】的设置如

图 3-188 所示；选择【曲面放样】，【轮廓】选择【复合轮廓 1】【复合轮廓 2】，【约束条件】为【无】，如图 3-189 所示；选择【缝合】，框选图 3-190 中蓝色部分进行缝合操作。

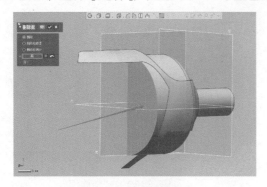

图 3-185　删除面

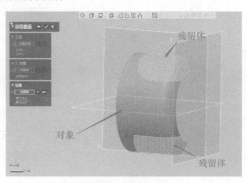

图 3-186　剪切曲面

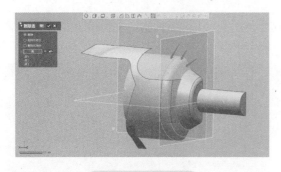

图 3-187　删除面

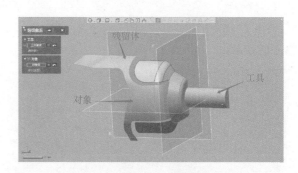

图 3-188　剪切曲面

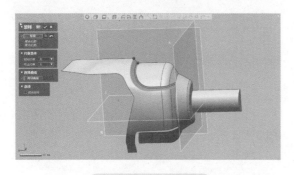

图 3-189　曲面放样

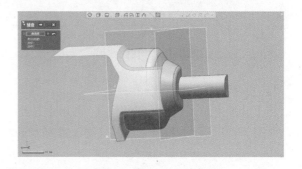

图 3-190　缝合曲面

15. 剪切与缝合曲面

选择【剪切曲面】，【工具】【对象】【残留体】的设置如图 3-191 所示；选择【缝合】，框选图 3-192 中蓝色部分进行缝合操作。

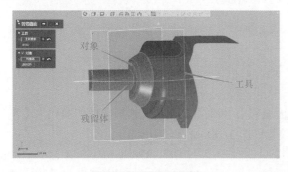

图 3-191　剪切曲面

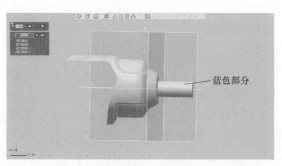

图 3-192　缝合曲面

16. 拉伸草图

选择【草图】，利用【三点圆弧】【直线】命令，绘制图 3-193 所示外形，且线段的交界处需进行约束；选择【曲面拉伸】，长度设置为 30mm，如图 3-194 所示。

图 3-193　绘制草图

图 3-194　曲面拉伸

17. 面片的拟合与修剪

面片拟合如图 3-195 所示；选择【剪切曲面】，【工具】选择【前】【拉伸 4】【拉伸 5】，【对象】选择"面片拟合 3"，残留体的设置如图 3-196 所示。

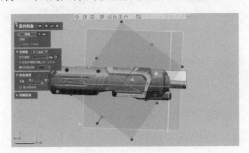
图 3-195　面片拟合

图 3-196　剪切曲面

18. 绘制草图、拉伸曲面

选择【初始】→【平面】命令，【要素】选择【右平面】，偏移距离为 142mm，将【基准平面】选择【平面 1】，按图 3-197 所示绘制草图轮廓；选择【实体拉伸】，对图 3-198 所示偏移轮廓线进行拉伸操作，【长度】设置为 115mm，【反方向】设置为 30mm。

图 3-197　绘制草图轮廓

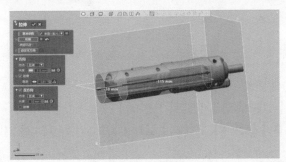
图 3-198　拉伸实体

19. 曲面偏移

选择【曲面偏移】，偏移距离为 2.3mm，如图 3-199 所示；选择【切割】，【工具】选择【前】【曲面偏移 2】，【对象】选择【拉伸 6】，残留体如图 3-200 所示。

20. 绘制面片草图拉伸实体

选择【面片草图】，将【基准平面】选择【右平面】，按照图 3-201 所示绘制草图轮廓；选择【实体拉伸】，对图 3-202 所示偏移轮廓线进行拉伸操作，【长度】设置为 42.85mm，【反方向】设置为 3mm。

图 3-199　曲面偏移

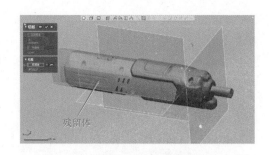

图 3-200　切割

图 3-201　绘制草图轮廓

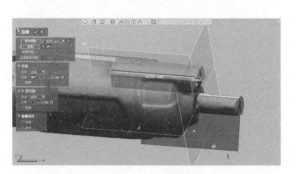

图 3-202　实体拉伸

21. 草图拉伸

选择【初始】→【平面】，【要素】选择【平面1】，偏移距离为 -76mm，如图 3-203；选择【面片草图】，【基准平面】选择【平面2】，按照图 3-204 所示绘制草图轮廓。选择【曲面拉伸】，对图 3-205 所示偏移轮廓线进行拉伸操作，【长度】设置为 38.35mm，【反方向】设置为 14.35mm。

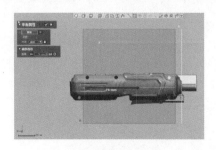

图 3-203　基准平面

图 3-204　绘制草图轮廓

图 3-205　拉伸草图

22. 剪切曲面

选择【剪切曲面】，【工具】选择【拉伸5】，【对象】选择【拉伸8】，残留体的设置如图 3-206 所示；【工具】选择【拉伸4】，【对象】选择【剪切曲面10】，残留体的设置如图 3-207 所示。

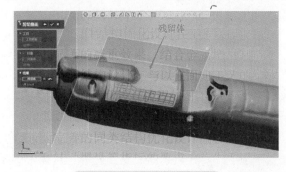

图 3-206　剪切曲面（一）

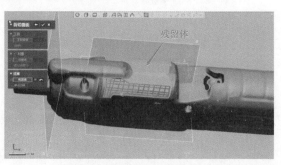

图 3-207　剪切曲面（二）

23. 3D 草图（一）

选择【3D 草图】，按图 3-208 所示绘制样条曲线；选择【剪切曲面】，【工具】选择【草图链 1】，【对象】选择【剪切曲面 9】，残留体如图 3-209 所示。

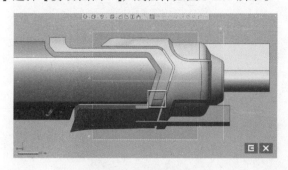

图 3-208　绘制样条曲线

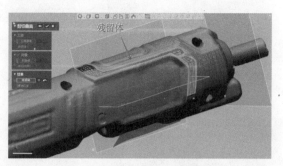

图 3-209　剪切曲面 9

24. 3D 草图（二）

选择【3D 草图】，按图 3-210 所示绘制样条曲线；选择【剪切曲面】，【工具】选择【草图链 1】，【对象】选择【剪切曲面 11】，残留体的设置如图 3-211 所示；选择【剪切曲面】，工具选择【删除面 4】，【对象】选择【剪切曲面 7】，残留体的设置如图 3-212 所示。

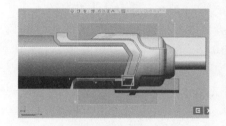

图 3-210　绘制样条曲线

图 3-211　剪切曲面（一）

图 3-212　剪切曲面（二）

25. 面片草图拉伸

选择【面片草图】，【基准平面】选择【上平面】，按照图 3-213 所示绘制草图轮廓；选择【实体拉伸】，对图 3-214 中的偏移轮廓线进行拉伸操作，长度设置为 42.85mm。

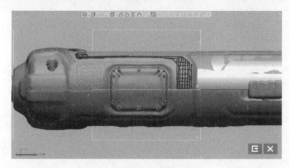

图 3-213　面片草图

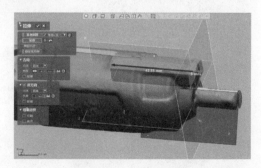

图 3-214　拉伸草图

选择【面片草图】，【基准平面】选择【平面 2】，按照图 3-215 所示绘制草图轮廓；选择【曲面拉伸】，对图 3-216 所示偏移轮廓线进行拉伸操作，【长度】设置为 16mm，【反方向】设置为 28.5mm；选择【切割】，【工具】选择【拉伸 10】，【对象】选择【拉伸 9】，残留体的设置如图 3-217 所示。

26. 曲面切割

选择【曲面偏移】，如图 3-218 所示，偏移 1mm；选择【延长曲面】，延长距离为 2.15mm，如图 3-219 所示；选择【切割】，【工具】选择【曲面偏移 3】，【对象】选择【切割 4】，残留体的设置如图 3-220 所示。

图 3-215　面片草图

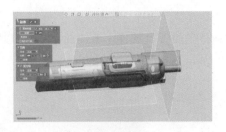

图 3-216　曲面拉伸

图 3-217　切割

图 3-218　曲面偏移

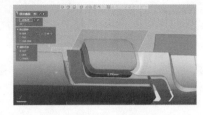

图 3-219　延长曲面

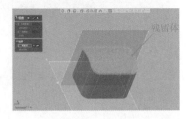

图 3-220　切割

27. 草图拉伸

选择【平面】,【要素】选择【平面 2】,偏移距离为 15mm,如图 3-221 所示;选择【面片草图】,【基准平面】选择【平面 3】,按照图 3-222 所示轮廓绘制草图轮廓;选择【曲面拉伸】,对图 3-223 所示的偏移轮廓线进行拉伸操作,【长度】设置为 60mm,【反方向】设置为 10.15mm;选择【剪切曲面】,【工具】选择【拉伸 5】【拉伸 2_1】【拉伸 2_3】,【对象】选择【拉伸 12】,残留体的设置如图 3-224 所示;选择【曲面偏移】,如图 3-225 所示,偏移距离为 0;选择【剪切曲面】,【工具】选择【拉伸 2_1】,【对象】选择【剪切曲面 17】,残留体的设置如图 3-226 所示。

28. 剪切曲面

选择【剪切曲面】,【工具】选择【拉伸 2_1】,【对象】选择【曲面偏移 4】,残留体的设置如图 3-227 所示;【工具】选择【拉伸 4】,【对象】选择【剪切曲面 18】,残留体的设置如图 3-228 所示。

图 3-221　基准平面

图 3-222　绘制草图轮廓

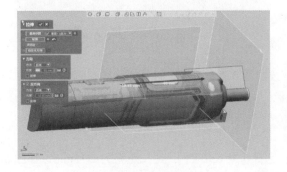

图 3-223　曲面拉伸

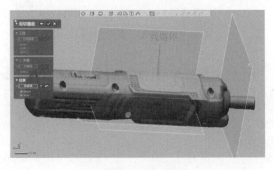

图 3-224　剪切曲面

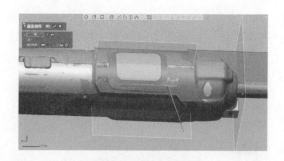

图 3-225　曲面偏移

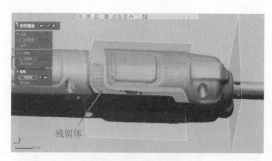

图 3-226　剪切曲面（一）

图 3-227　剪切曲面（二）

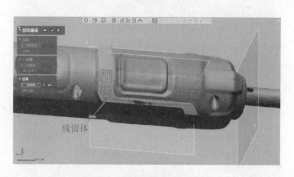

图 3-228　剪切曲面（三）

29. 3D 草图剪切曲面

选择【3D 草图】，按图 3-229 所示绘制样条曲线；选择【剪切曲面】，【工具】选择【草图链 1】【草图链 2】，【对象】选择【剪切曲面 12】【剪切曲面 20】，残留体的设置如图 3-230 所示。

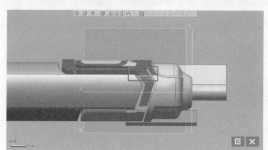

图 3-229　绘制样条曲线

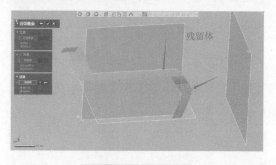

图 3-230　剪切曲面

30. 放样曲面

选择【曲面放样】，轮廓选择【边线 1】【边线 2】，约束条件为【与面相切】，如图 3-231 所示；选择【延长曲面】，如图 3-232 所示，延长距离为 2.15mm；选择【剪切曲面】，【工具】选择【拉伸 5】【拉伸 4】，【对象】选择【放样 4】，残留体的设置如图 3-233 所示。

图 3-231　曲面放样

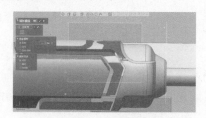

图 3-232　延长曲面

图 3-233　剪切曲面

31. 3D 草图剪切曲面

选择【3D 草图】，按图 3-234 所示绘制样条曲线；选择【剪切曲面】，【工具】选择【草图链 1】，【对象】选择【剪切曲面 19】，残留体的设置如图 3-235 所示。

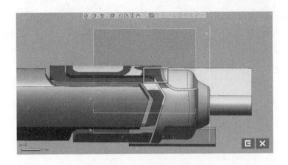

图 3-234　绘制样条曲线

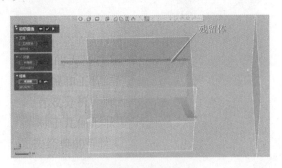

图 3-235　剪切曲面

32. 曲面偏移

选择【曲面偏移】，偏移距离为 0mm，如图 3-236 所示；选择【删除面】，删除面如图 3-237 所示。

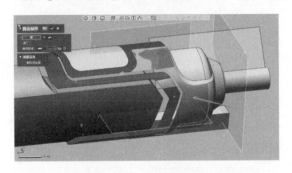

图 3-236　曲面偏移

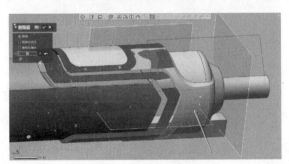

图 3-237　删除面

33. 剪切曲面

选择【剪切曲面】，【工具】选择【草图链 1】，【对象】选择【曲面偏移 5】，残留体的设置如图 3-238 所示；选择【删除面】，如图 3-239 所示。

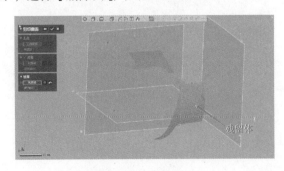

图 3-238　剪切曲面

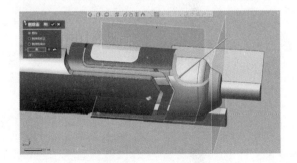

图 3-239　删除面

34. 3D 草图

选择【3D 草图】，按图 3-240 所示绘制样条曲线；选择【剪切曲面】，【工具】选择【草图链 1】，【对象】选择【剪切曲面 24】，残留体的设置如图 3-241 所示；选择【剪切曲面】，【工具】选择【前】，【对象】选择【剪切曲面 23】，残留体的设置如图 3-242 所示。

35. 曲面放样

选择【曲面放样】，轮廓选择【边线 1】【边线 2】，约束条件为【与面相切】，如图 3-243 所示。

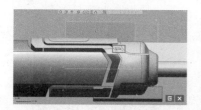

图 3-240 绘制样条曲线

图 3-241 剪切曲面（一）

图 3-242 剪切曲面（二）

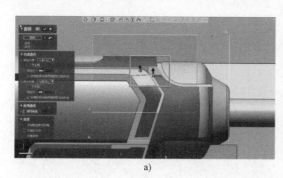

a)

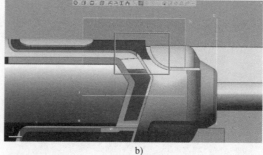

b)

图 3-243 曲面放样（一）

轮廓选择【边线 1】【边线 2】，约束条件为【无】，如图 3-244 所示。

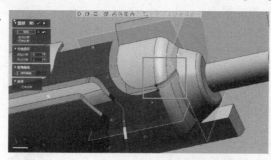

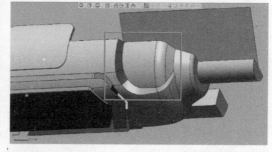

图 3-244 曲面放样（二）

轮廓选择【边线 1】【边线 2】，约束条件为【与面相切】，如图 3-245 所示。

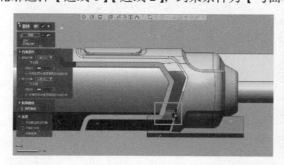

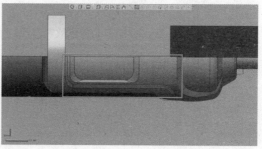

图 3-245 曲面放样（三）

36. 删除面

选择【删除面】，保留曲面偏移出来的曲面，删除原有的曲面如图 3-246 所示；选择【剪切曲面】，【工具】选择【前平面】，【对象】选择【剪切曲面 21】，残留体的设置如图 3-247 所示。

37. 曲面放样

选择【曲面放样】，【轮廓】选择【复合轮廓 1】【复合轮廓 2】，【约束条件】均为【无】，如图 3-248 所示。

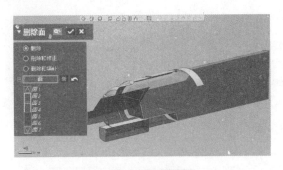

图 3-246　删除面

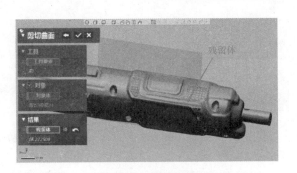

图 3-247　剪切曲面

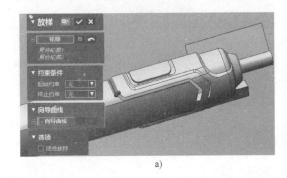

a)

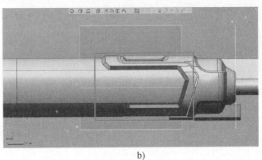

b)

图 3-248　曲面放样

38. 剪切曲面

选择【剪切曲面】，【工具】选择【放样 30】【剪切曲面 36】，【对象】选择【删除面 4】，残留体的设置如图 3-249 所示。

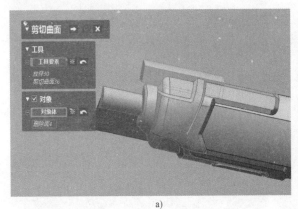

a)

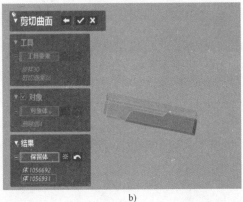

b)

图 3-249　剪切曲面

39. 曲面修整

选择【缝合】，框选图 3-250 中的曲面体进行缝合操作；选择【曲面放样】，【轮廓】选择【复合轮廓 1】【边线 1】，【约束条件】均为【无】，如图 3-251 所示。

40. 延长曲面

选择【延长曲面】，如图 3-252 所示，延长距离为 0.5mm；选择【剪切曲面】，【工具】选择【放样 31】【剪切曲面 46】，【对象】不勾选，残留体的设置如图 3-253 所示。

41. 面片草图拉伸

选择【面片草图】，【基准平面】选择【平面 3】，按照图 3-254 所示轮廓绘制草图轮廓。后续进行拉伸，与主体剪切即可。

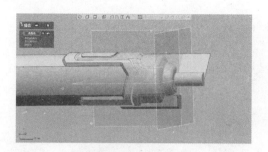

图 3-250 缝合

图 3-251 曲面放样

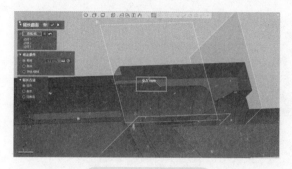

图 3-252 延长曲面

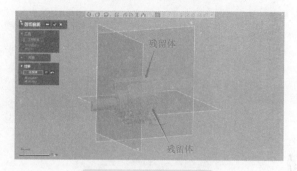

图 3-253 剪切曲面 46

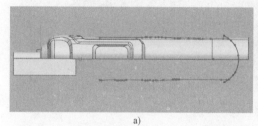

a)

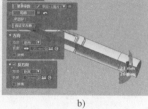

b)

c)

图 3-254 面片草图拉伸并剪切

42. 草图拉伸

选择【平面】，方法选择【绘制直线】，如图 3-255 所示创建平面；选择【面片草图】，按照图 3-256 所示绘制草图轮廓，并拉伸、剪切。

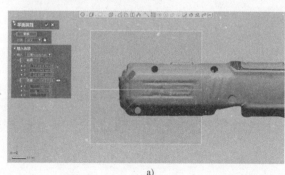

a)

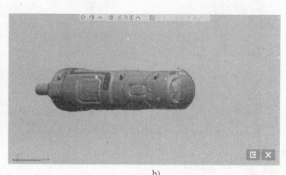

b)

图 3-255 面片草图

43. 面片草图拉伸

选择【平面】，使用【绘制直线】等命令，按图 3-257 所示创建平面并拉伸、剪切。

44. 剪切曲面

选择【剪切曲面】，【工具】选择【前】，【对象】选择【剪切曲面 50】，残留体的设置如图 3-258 所示；选择【缝合】，对所有曲面体进行缝合操作。

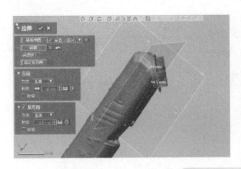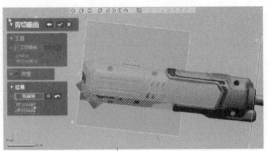

图 3-256　草图拉伸并剪切

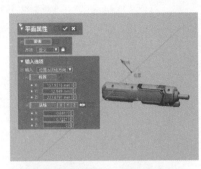

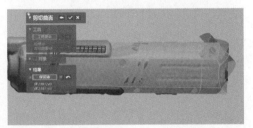

图 3-257　创建面片草图并拉伸、剪切

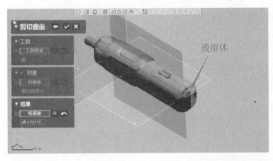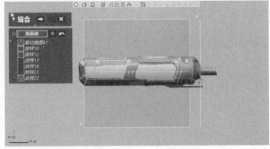

残留体

图 3-258　剪切曲面并缝合

45. 镜像、缝合

选择【镜像】，【体】选择【剪切曲面52】，【对称平面】选择【前】，如图3-259所示；对相关曲面进行缝合操作，如图3-260所示。

46. 面片草图拉伸

选择【面片草图】，【基准平面】选择【平面3】，绘制草图轮廓并拉伸，与主体切割即可，如图3-261所示。

选择【面片草图】，【基准平面】选择【平面6】，按照图3-262所示绘制草图轮廓。后续进行实体拉伸，与主体切割即可，如图3-263所示。

选择【面片草图】，【基准平面】选择【平面6】，绘制草图轮廓并拉伸，与主体切割即可，如图3-264所示。

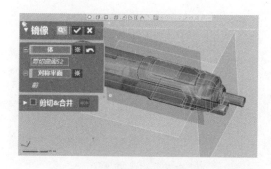

图 3-259　镜像　　　　　　　　　　　　图 3-260　缝合

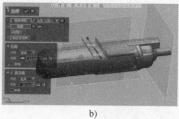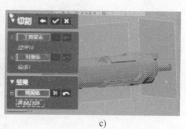

a)　　　　　　　　　　　　b)　　　　　　　　　　　　c)

图 3-261　面片草图拉伸

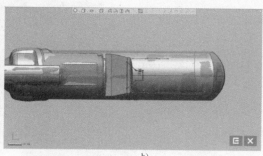

a)　　　　　　　　　　　　　　　　　　b)

图 3-262　面片草图

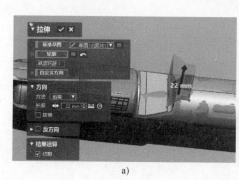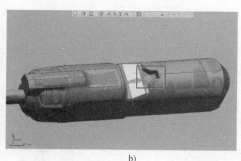

a)　　　　　　　　　　　　　　　　　　b)

图 3-263　拉伸实体并切割

47. 草图拉伸

选择【平面】→【上平面】，方法选择【偏移】，距离为 -15.5mm，绘制草图，拉伸实体，如图 3-265 所示。

48. 面片草图拉伸

选择【面片草图】，按照图 3-266 所示绘制草图轮廓，并拉伸草图。

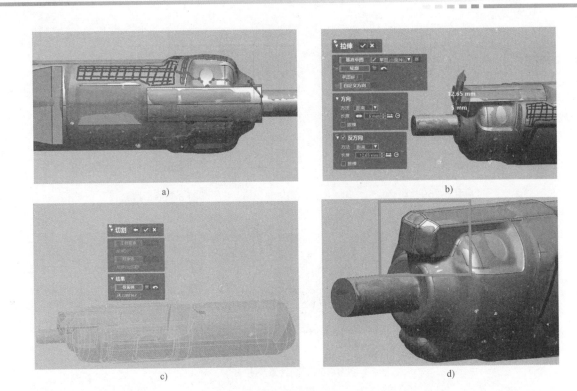

图 3-264　绘制草图拉伸并切割

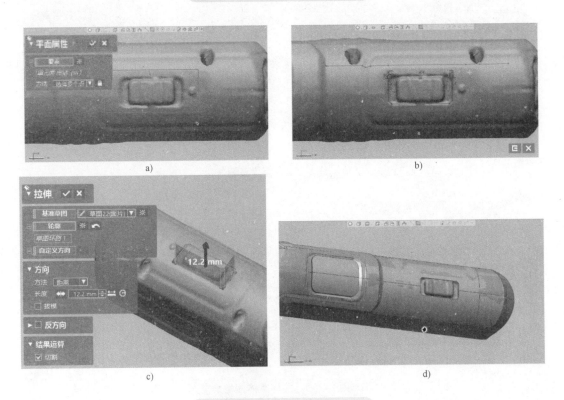

图 3-265　绘制草图并拉伸实体

【基准平面】选择【上平面】，按照图 3-267a 所示绘制草图轮廓，并进行实体回转。

49. 导出数据

单击【初始】→【导入】→【输出】，【要素】选择实体模型，选择输出位置，格式为".stp"或".igs"，最终完成的实体模型如图 3-268 所示。

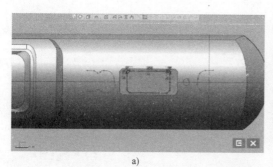
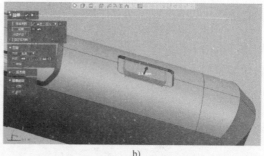

a)

b)

图 3-266 草图拉伸

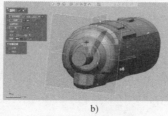
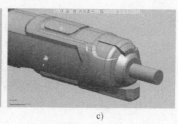

a)

b)

c)

图 3-267 实体回转

图 3-268 实体模型

小结

三维逆向设计工作一般包含三个阶段：三维数据采集与处理、三维模型重构、数据对比及检测。通过采集到的三维数据反求产品的 CAD 数据模型，通过建模得到该产品的 3D 模型，是逆向设计的关键技术之一。

利用 Geomagic Design X 软件，可将一些分割后形成的三维点云数据做表面模型的拟合，并通过各面片的求交与拼接来获取零件原型表面的 CAD 模型。此项操作的目的在于获得完整一致的边界来表示 CAD 模型，即用完整的面、边、点的信息来表示模型的位置和形状。只有建立了完整的 CAD 模型，接下来的过程才能顺利地进行下去。

课后练习与思考

1.什么是逆向工程？其工作流程是什么？

2.三维模型重构的一般过程是什么？

3.如何创建适合建模的坐标系？

课后拓展

　　1. 剃须刀模型重构过程
　　2. 吸尘器模型重构过程

微课视频直通车 12：
　　剃须刀和吸尘器三维模型重构

素养园地

　　产品的三维模型重构步骤繁多、过程复杂，必须做到平心静气、戒骄戒躁，以"十年磨一剑"精神为激励，才能获得更接近产品外观结构的 3D 模型。

　　坚持"十年磨一剑"，不但要"守初心"，还要耐得住"寂寞"。

　　钱学森、邓稼先等"两弹一星"元勋放弃国外优厚待遇回归祖国，一头扎进大漠深处为国"铸剑"；"氢弹之父"于敏为国研究核武器，隐姓埋名 28 年。

　　回溯我国科技发展历程，无论是"两弹一星"还是载人航天、探月工程等重大科技成果，无不是靠几代科研人员十年磨一剑、久久为功的韧劲和驰而不息的精神。

　　关键核心技术是要不来、买不来、讨不来的。唯有秉初心、守恒心，十年磨一剑，中国才能聚天下英才，形成"万类霜天竞自由"的创新局面，才能在关键核心技术攻关路上克难前行，乘风破浪。

产品结构优化设计

> ## 知识目标：
1）理解拓扑优化、点阵优化的概念。
2）掌握有限元的基本概念和基本思想。
> ## 技能目标：
1）能够根据产品特征选用正确的优化方法。
2）能够掌握零件优化分析的操作步骤。
> ## 素养目标：
1）具备创新能力和动手实践能力。
2）具有科学严谨的治学态度和精益求精的工匠精神。

考核要求

完成本项目学习内容，能够理解典型结构优化设计的概念和方法，掌握有限元的基本概念和基本思想，能够对零件进行强度分析和结构优化。

必备知识

4.1 结构优化设计

4.1.1 结构优化设计的类型和软件应用

机械设计的任务是在众多的可行性方案中寻求较好的或最优的方案。结构优化设计的前提是能构造出大量可供优选的可行性方案，即构造出大量的优化求解空间，这也是结构设计最具创造性的地方。

目前结构优化设计基本仍局限在用数理模型描述的那类问题，而更具潜力、更有成效的结构优化设计应建立在由工艺、材料、连接方式、形状、顺序、方位、数量、尺寸等结构设计变元所构成的结构设计解空间的基础上。

1. 结构优化设计的类型

结构优化是在给定约束的条件下，按某种目标（如重量最轻、成本最低、刚度最大等）求出最佳设计方案的过程。

产品结构优化设计可分为拓扑优化、形状优化和尺寸优化。

（1）拓扑优化　拓扑优化是以材料分布为优化对象，通过拓扑优化，可以在均匀分布材料的设计空间中找到最佳的分布方案，适合概念设计阶段，如图 4-1a 所示。

（2）形状优化　形状优化是一种对现有零部件的形状和位置进行优化的技术，适合基本设计阶段，如图 4-1b 所示。

（3）尺寸优化　尺寸优化是一种参数优化技术，用来寻找最优设计的参数组合，如材料参数、横截面尺寸和厚度等，适合详细设计阶段，如图 4-1c 所示。

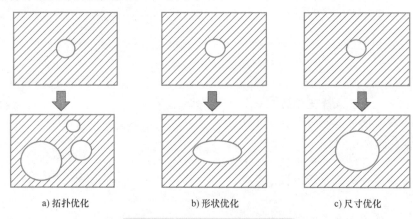

a) 拓扑优化　　　　b) 形状优化　　　　c) 尺寸优化

图 4-1　减重孔的结构优化设计

由此可见，拓扑优化相对于尺寸优化和形状优化具有更多的设计自由度，能够获得更大的设计空间，具有较好的发展前景。

2. 拓扑优化

拓扑优化（Topology Optimization）是一种根据给定的负载情况、约束条件和性能指标，在给定的区域内对材料分布进行优化的结构设计方法。结构拓扑优化是实现结构轻量化的重要手段之一。通过对结构进行拓扑优化，可以找到最合理的结构传力路径，设计工程师根据最终拓扑优化结果，对结构进行再设计，使其既能满足结构强度要求，又能满足工艺要求。

拓扑优化的基本过程如下：

1）对结构进行边界约束和载荷的施加，完成有限元分析，计算求解模型。

2）基于求解模型创建拓扑优化过程，具体过程包括：定义和控制优化过程；指定优化和不优化区域；确定响应约束定义；确定加工约束定义；确定优化目标等。

3. 点阵结构的拓扑优化

点阵结构（图 4-2）作为一种新型设计结构，除了具有轻量化的特点外，还具有优良的比刚度、比强度，以及阻尼减振、缓冲吸能等功能。

点阵结构的拓扑优化主要应用于增材制造，与块状结构相比，它可以产生更有效的结构，而块状结构需要更多的材料来维持类似的负载。点阵结构具有良好的稳定性和理想的热性能，并且具有理想的重量，可以作为实现减重目标的一种方法。点阵结构尤其适用于生物医学领域（如移植），这是因为其具有多孔性，能够促进骨头和组织的生长。

图 4-2　点阵结构

利用点阵夹芯结构减重的特点，在于优化结构的同时，还能保证材料具有足够的强度。在航空航天工业中，点阵夹芯结构常被用于制作各种壁板，如翼面、舱面、舱盖、地板、消声板、隔热板、卫星星体外壳等。图 4-3 所示为一种采用点阵夹芯结构的减振梁。

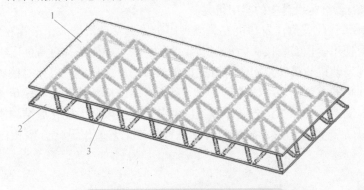

图 4-3　采用点阵夹芯结构的减振梁
1—上板体　2—下板体　3—支撑单元

利用 3D 打印技术可以制作具有弹性的晶格结构，使得产品的应用范围更加广泛。采用晶格结构需要设计工程师用软件工具来优化设计中的晶格参数，如晶胞类型、形状等，以实现所需的机械动作、相对运动和零件的可制造性。如图 4-4 所示，在鞋底夹层内提供能精准调整形变的功能区域，使鞋跟、鞋前掌和中底

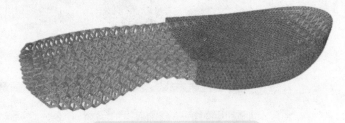

图 4-4　采用晶格结构的鞋底

具有不同的晶格结构，以满足跑步时脚各部位对缓冲的不同需求。

4. 优化设计软件的选择

（1）TOSCA Structure　TOSCA Stucture 是德国 Fe-Design 公司开发的结构优化设计软件，是标准的无参结构优化系统，可以对具有任意载荷工况的有限元模型进行拓扑优化、形状优化和加强筋优化。在优化过程中，可以直接使用已存在的有限元模型。TOSCA Structure 结构优化的每一次迭代过程均在外部求解器中进行结构分析，并采用众多业界认可的优化器进行优化求解，保证了优化结果的高质量。通过 TOSCA Structure 内部各程序的相互作用，可以完成新产品结构在从 CAD 到 CAE 系统中从概念到成品的闭环优化设计过程。

（2）ANSYS　ANSYS 是美国 ANSYS 公司研制的大型通用有限元分析（FEA）软件，能与多数计算机辅助设计（CAD）软件接口，如 CREO、NASTRAN、ALGOR、I-DEAS、AutoCAD 等，实现数据的共享和交换。它是融结构、流体、电场、磁场、声场分析于一体的大型通用有限元分析软件，主要包括三个部分：前处理模块、分析计算模块和后处理模块。

（3）SolidThinking Inspire　SolidThinking Inspire 是美国 Altair 公司研发的拓扑优化软件，是一款优秀的三维设计软件，主要面向设计工程师，可用于产品的结构件、铸造件、托架等的工程结构设计。它可用

于设计流程的早期，帮助设计工程师生成和探索高效的结构。该软件采用 Altair 公司先进的 OptiStruct 优化求解器，根据给定的设计空间、材料属性以及受力需求生成理想的形状。根据软件生成的结果再进行结构设计，不仅能缩短整个设计流程的时间，而且能为设计节省材料及减重。其设计优化能帮助设计工程师获得优质的结构方案，缩短开发周期，提升设计质量。

4.1.2 结构优化设计应用案例

1. 结构优化设计在高速飞行器设计中的应用

结构优化技术在国内外航空航天领域已经得到大量应用，尤其是拓扑优化技术在提高结构性能、减轻结构重量方面已发挥出显著作用，被行业普遍接受。拓扑优化技术的应用已从肋板、支架、挂架等零件，推广到机身、部段甚至整机的优化设计。高速飞行器由于其极端的使用环境和严苛的性能要求，对结构优化技术与制造工艺具有迫切需求。北京航天试验技术研究所与西北工业大学和大连理工大学合作，开展了结构优化方法在高速飞行器结构设计中的应用研究。

（1）发动机安装接头优化案例　发动机安装接头用于传递发动机推力，布置在发动机推力传递截面、发动机两侧各一个成对使用。该安装接头为集中承载部件，除了要保证其自身强度、刚度以及耐温性要求以外，功能上还要实现发动机与机身结构的有效连接及载荷的可靠传递。根据对接头结构形式的分析，采用拓扑优化结合尺寸优化的方法开展结构优化设计，重点考虑结构承载性能和轻量化水平，同时兼顾安装可操作性；构件用增材制造工艺加工，故设计中不特别考虑工艺限制。优化后结构刚度指标略有提升，局部最大应力略增，但仍在安全范围内；与面向传统机械加工工艺的原设计方案相比，减重超过 18%，如图 4-5 所示。

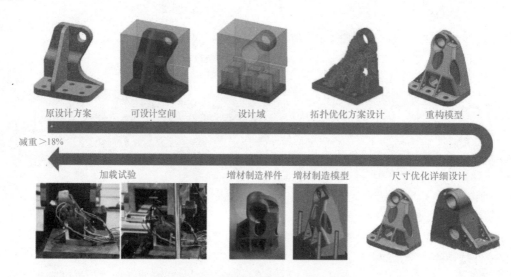

图 4-5　发动机安装接头优化设计流程

（2）舵轴优化案例　舵轴初始设计采用分段机械加工、焊接连接工艺。根据对舵轴结构形式的分析，依据整体结构拓扑优化结果，进一步应用尺寸优化减重设计与增材制造工艺加工，满足了所有性能要求，减重达 8.7%。零件结构优化设计在工程关键技术攻关阶段实现了改进或原创设计，在保证承载性能的基础上，取得了显著的减重效果。结合金属增材制造工艺，极大地缩短了零件设计、制造与验证周期，初步实现了面向性能的结构设计。与以往面向工艺的结构设计相比，性能较少向工艺妥协，设计自由度更大，减重效果更好。舵轴优化设计流程如图 4-6 所示。

（3）舵面优化案例　根据飞行器减重和性能优化需求，开展了以舵面为代表的部件结构优化设计工作，建立了较为完善的同类结构优化设计流程。舵面作为独立部件，在高温与压力的联合作用下，必须满足刚度、强度和转动惯量等指标的要求。首先采用拓扑优化获取主传力路径，结合设计人员的经验提取结构特征，通过尺寸参数优化对重构模型进行详细设计，使结构减重约 10%。结构设计人员在方案论证阶段可以

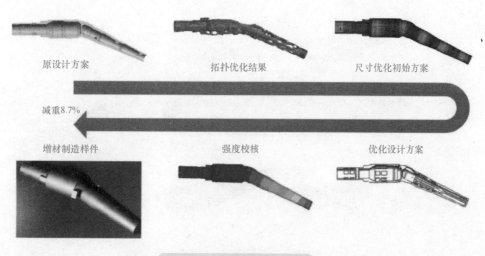

图 4-6　舵轴优化设计流程

利用部件优化设计方法对结构进行改进。应用案例表明，结构优化技术与工程经验相结合，能得到符合功能需求、性能优异且具备工程实施条件的结构。舵面优化设计流程如图 4-7 所示。

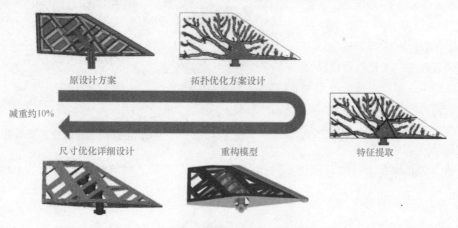

图 4-7　舵面优化设计流程

（4）高速飞行器全机结构优化案例　在概念设计阶段应用结构优化技术开展结构概念方案的构建是一项具有挑战性的工作。基于工程前期研究基础，探索了一种基于拓扑优化的高速飞行器全机结构概念设计方法。首先，根据载荷和设计目标估计出初步的最大变形、质心位置、最小一阶频率设计要求，通过拓扑优化快速获得结构质量指标的可实现下限，从而确定一组可用于进一步结构设计的系统性指标；然后，在拓扑优化设计结果的基础上，建立参数优化模型（考虑功能需求，如预留设备空间、增加操作口盖等）；最后，根据上述结构系统性指标优化设计约束，以结构系统整体刚度最大作为设计目标，开展尺寸优化设计并获得全机参数化模型。在结构概念设计阶段，经过以上两轮结构优化，获得的飞行器全机结构概念设计方案可作为后期结构详细设计阶段的重要参考。高速飞行器全机结构优化设计流程如图 4-8 所示。

2. 优化设计在航空发动机设计中的应用

GE 航空集团的新型涡轮螺旋桨发动机（ATP）是世界上第一台由 3D 打印组件制造的涡轮螺旋桨发动机（图 4-9），新型的结构设计因为增材制造技术降低了制造复杂性，它将此前通过传统工艺制造的 855 个零件经过结构优化减少为 12 个部件，零件数量的减少极大地提高了生产率，并将发动机的重量减少了 5%，燃油效率提高了 1%，这显示出增材制造的优势。这台发动机共有 35% 的零件采用增材制造技术制造，这在商用型号发动机中均属首次。这些增材制造的零件包括固定流路部件、集油槽、热交换器、燃烧器衬套、中框组件、排气机匣以及轴承座，材料覆盖钛合金、钴铬合金以及镍基高温合金。增材制造技术大大简化了制造、打样制作过程，缩短了研制周期。

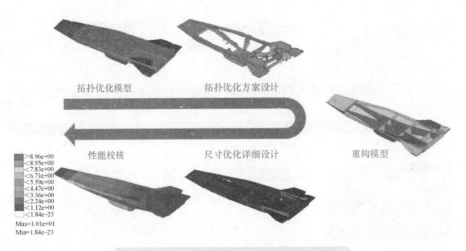

图 4-8　高速飞行器全机结构优化设计流程

（1）中框组件结构优化设计案例　GE 航空集团的发动机最具代表性的集成优化部件就是中框组件，该部件在过去的传统制造中包含了 300 多个单独的零件，通过焊接、螺栓连接等方式构成一个部件。工程师通过结构优化，最终将该部件的零件集成在了一起，形成了一个复杂的单一零件结构，它无法通过传统铸造或机械加工制造，唯有增材制造能够实现一体成型。这样，该部件不再需要装配，

图 4-9　GE 航空集团的新型涡轮螺旋桨发动机（ATP）

不仅减轻了重量，更排除了磨损的可能性，因此，发动机两次维护之间的时间被延长了 1000h。中框组件优化设计如图 4-10 所示。

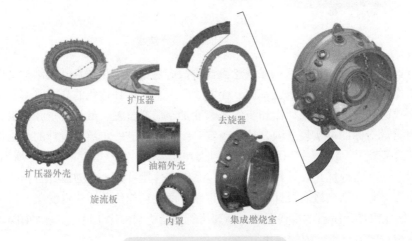

图 4-10　中框组件优化设计

集成制造带来的制造效率提升和供应链结构优化效应同样非常明显。在传统制造过程中，中框组件的 300 个零件需要 50 家供应商提供，然后由至少 60 名工程师先将其组装成 7 个组件，再装配成一个部件，维修点达到 5 处；而优化后采用增材制造，仅需要 1 台设备就可实现整个部件的直接制造，最多 8 名工程师便可实现最终部件的处理，维修点也变成了零件本身。由此产生的制造效率提升是显而易见的。

（2）燃油加热器结构优化设计案例　使用传统制造技术（如铣削和钻孔）加工零件可能很难实现复杂

的几何形状和内部形状，而金属增材制造能够制造出空心、复杂的形状。燃油加热器内部包含众多微小、复杂的蜂窝式通道，集成制造不仅减轻了零件重量，还将曾经可能出现的燃油泄漏问题完全排除，从而降低了维修频率，提高了燃油效率。燃油加热器经结构优化由 300 个零件减少到 1 个部件，重量约减轻了一半。燃油加热器优化设计如图 4-11 所示。

（3）C 型油箱外壳结构优化设计案例 C 型油箱是从螺旋桨到发动机的主要负载部分，用于支承涡轮机的轴承。该部件采用了仿生学设计，整体形状类似于植物的细胞结构。增材制造将原来轴承座和油箱外壳的约 80 个零件组成 1 个，通过金属增材制造的部件既保持了强度又减轻了重量。C 型油箱外壳结构优化设计如图 4-12 所示。

图 4-11 燃油加热器优化设计

图 4-12 C 型油箱外壳结构优化设计

（4）内置增材制造 B 型油箱的燃烧室外壳结构优化设计案例 B 型油箱为中央轴承提供支承，并起到润滑通风作用，通过增材制造将部件合并和降低装配复杂性实现了重量和成本效益。通过优化部件形状和空气动力学，使部件承受的应力达到最小，从而使部件的性能和耐久性也得到了改善。B 型油箱燃烧室外壳优化设计如图 4-13 所示。

（5）排气机匣结构优化设计案例 作为具有空气动力学流道的部件，排气机匣允许空气以最小的压力损失离开发动机，该部件必须有足够的强度，以承受通过发动机的气流压力。如果使用减材制造技术设计排气机匣，工程师不得不以最薄弱的位置为准设计整个机匣的厚度，这会给部件增加不必要的重量。通过使用增材制造技术，工程师设计了更复杂的空气动力学外形，并增加了提高结构刚度的特征。排气机匣有一个非常薄的内衬，其形状满足空气动力学的要求，工程师在外壳上打印了外部翼梁，保证在空气动力学要求高的地方提供所需的刚度，同时降低整个外壳的重量。排气机匣结构优化设计如图 4-14 所示。

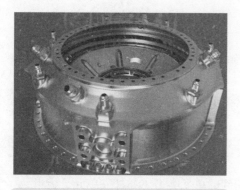

图 4-13 B 型油箱燃烧室外壳优化设计

图 4-14 排气机匣结构优化设计

4.2 三维仿真优化设计

4.2.1 有限元分析

1. 有限元法

随着现代工业技术的发展，不断要求设计高质量、高水平的大型、复杂精密机械及工程结构。为此，人们必须预先通过有效的计算手段，确切地预测即将产生的机械和工程结构在未来工作时的应力、应变和位移状况。但是，传统方法往往难以完成对工程实际问题的有效分析，弹性力学的经典理论由于求解偏微分方程困难，只能解决结构形状和承受载荷较简单的问题，对于几何形状复杂，具有不规则边界、裂纹或厚度突变结构，以及几何非线性、材料非线性等问题，试图按经典的弹性力学方法获得解析是十分困难的，甚至是不可能的。因此，需要寻求一种简单而又精确的数值计算方法，有限元法正是为满足这种要求而产生和发展起来的一种十分有效的数值计算方法。

有限元法自问世以来，在其理论和应用研究方面都得到了快速、持续不断的发展。目前，有限元法已经成为工程设计和科研领域的一项重要分析技术和手段。

近几十年来，有限元法得到迅速发展，已出现多种新型单元和求解方法。自动网格划分和自适应分析技术的采用，也大大加强了有限元法的解题能力。由于有限元法的通用性及其在科学研究和工程分析中的作用与重要地位，众多著名公司都投入巨资来研发有限元分析软件，推动了有限元分析软件的发展，使有限元法的工程应用得到迅速普及。目前在市场上得到认可的有限元分析通用软件有 ANSYS、NASTRAN、MARC、ADINA、ABAQUS、ALTAIR、ALGOR、COSMOS 等，还有一些适用特殊行业的专用软件，如 DEFORM、AutoFORM、LS-DYNA 等。

2. 有限元法的基本思想

有限元法是一种基于变分法而发展起来的求解微分方程的数值计算方法，该方法以计算机为工具，采用分片近似、进而逼近整体的研究思想求解物理问题。

有限元法的基本思想为"化整为零、集零为整"。首先，将物体（或求解域）离散为有限个互不重叠、仅通过节点相互连接的子域（即单元），原始边界条件也被转化为节点上的边界条件，此过程称为离散化。其次，在每个单元内，选择一种简单近似函数来分片逼近未知的单元内位移分布规律，即分片近似，并按弹性理论中的能量原理（或用变分原理）建立单元节点力和节点位移之间的关系。最后，把所有单元的这种关系式集合起来，就得到一组以节点位移为未知量的代数方程组，解这些方程组就可以求出物体上有限个节点的位移。这就是有限元法的意义所在。

计算机辅助工程（Computer Aided Engineering，CAE）是指用计算机辅助求解分析复杂工程和产品的结构力学性能，以及优化结构性能等，它把工程（生产）的各个环节有机地组织起来，其关键是将有关的信息集成，使其产生并存在于工程（产品）的整个生命周期中。CAE 软件可用作静态结构分析、动态分析；研究线性、非线性问题；分析结构（固体）、流体、电磁等。

4.2.2 有限元结构分析的基本步骤

一个完整的有限元结构分析过程通常包括以下基本操作步骤和环节。

1. 前处理

前处理是整个分析过程的开始阶段，其目的在于建立一个符合实际情况的有限元结构分析模型，一般分为以下几个操作环节：

（1）分析环境设置　进入有限元分析软件的环境设置界面后，指定分析的工作名称以及图形显示的标题，开始一个新的结构分析。

（2）定义单元和材料类型　定义在分析过程中需要用到的单元类型（如杆件单元、板单元、实体单元等）及其相关参数。指定分析中所用的材料模型以及相应的材料参数，如线性弹性材料的弹性模量、泊松比、密度等。

（3）建立几何模型　在有限元软件中，所有问题的几何模型都是由关键点、线、面、体等各种图形元素（简称图元）所构成的，图元层次由高到低依次为体、面、线及关键点。可以通过自底向上或者自顶向下两种方式来建立几何模型。

（4）进行网格的划分　在几何模型上进行单元划分，形成有限单元网格 (Mesh)。一般情况下，在有限元软件中划分有限元网格分为定义要划分形成的单元属性、指定网格划分的密度、执行网格划分三个步骤。

（5）定义边界及约束条件　在上述有限单元模型上，引入实际结构的边界条件、自由度之间的耦合关系以及其他条件。

2. 施加载荷，设置求解参数并求解

该步骤的目的在于为分析定义载荷，指定分析类型以及各种求解控制参数，一般分为以下实际操作环节。

（1）定义载荷信息　有限元结构分析的载荷包括位移约束、集中力、表面载荷、体积载荷、惯性力以及耦合场载荷（如热应力）等。可以将结构分析的载荷施加到几何模型（关键点、线、面）或有限元模型（节点、单元）上。

（2）指定分析类型和分析选项

（3）根据以上设置的载荷和求解参数，进行求解

3. 后处理

该步骤对计算的结果数据进行可视化处理和相关分析，利用有限元软件的通用后处理器和时间历程后处理器完成。

4.2.3　产品结构优化设计流程

零件结构设计与优化设计的一般工作流程如下：

（1）确定零件的受力和约束　首先对零件模型进行分析，获得零件在实际使用过程中的受力状态，包括受力类型、大小、方向和位置，以及与其他零件之间的配合关系，并获得零件的运动副。需要注意的是，正确和合理地理解作用在零件上的真实力与约束对于拓扑优化至关重要，将直接影响零件优化后的可靠性。

（2）简化初始零件模型　根据零件预留的空间位置，确定零件的原始尺寸；分析确定初始零件中与受力、约束等条件有关的必须保留的区域，删除设计中由于传统制造而产生的其他特征。

（3）初始力学性能计算　根据零件的材料、受力和约束等条件，进行有限元计算，获得零件的初始力学性能指标，包括位移、安全系数、米塞斯等效应力等。

（4）确定可优化的设计空间　避免优化过程中改变需要保留的区域，设计空间区域为可以优化的区域。

（5）确定零件的工作工况　一般而言，零件的受力工况是多样的，在实际操作过程中，可以在每种工况中使用单一的力。每种工况都可以通过模拟该特定工况下的最坏情况来设计最优零件，然后将各种工况的设计概念组合成一个涵盖所有受力工况的新设计工况。但是，如果了解每个单独力的影响，也可以同时设置多个受力的优化。

（6）执行拓扑优化　可以选择成熟的专用软件或自编程序完成拓扑优化工作。

（7）模型光顺化与重构　拓扑优化生成的结果是粗糙的模型，需要对其进行平滑处理转换为平滑模型。此过程中可以使用专用软件完成。

（8）力学性能校核计算　在模型几何重构结束后，对几何重构后的零件进行有限元计算，获得优化零件的最终力学性能指标，包括位移、安全系数、米塞斯等效应力等，以确认优化后零件的力学性能满足使用要求。

需要注意的是，实际拓扑优化过程为多次迭代优化的结果，需要借助有限元软件分析确认优化结果的安全系数，重复循环拓扑优化，以获得优化的拓扑优化结构；另外，拓扑优化可以在不降低力学性能的条件下减少材料用量，因此可以使用比原始材料更昂贵和 / 或更佳的材料，来获得性能更优异、更轻巧的结构零件。

4.2.4 产品结构优化设计案例（2021年全国大学生先进成图技术与产品信息建模创新大赛赛题）

微课视频直通车13：

活塞零部件的结构优化

1. 模型说明

本节以活塞进行讲解，根据实际受载情况对图4-15所示活塞部件进行适当的简化调整，其主要载荷来自气缸压力和气缸侧压力，中间的孔用来安装连杆，使用约束来表征安装孔的连接固定情况。

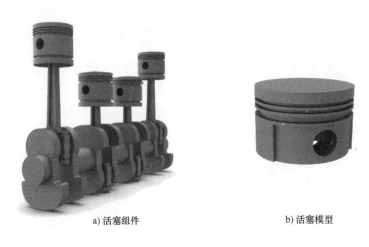

a) 活塞组件   b) 活塞模型

图4-15 活塞示意图

（1）零部件材料及载荷条件

1）材料。ABS，其弹性模量2000MPa、泊松比0.35、密度1060kg/m³、屈服应力45MPa。

2）约束。中间的两个孔位置完全约束，如图4-16所示。

3）载荷。在位置1的上表面，压力大小为1MPa，方向垂直于上表面；在位置2的侧表面，侧压力为0.5MPa，如图4-17所示。

中间孔约束   位置1
                                             位置2

图4-16 约束位置示意图   **图4-17 载荷位置示意图**

（2）优化目标 最小安全系数大于3。

2. 操作演示

步骤一：打开活塞模型

1）打开Altair Inspire软件，按〈F2〉键、〈F3〉键分别打开【模型浏览器】和【属性编辑器】；单击菜单栏【文件】图标中的【打开模型】选项。

2）在【打开文件】窗口中，选择"Piston.step"文件，然后单击【打开】。

3）在【模型浏览器】区域出现4个零件，如图4-18所示。

图 4-18 活塞原始模型

步骤二：设置材料

单击功能区【结构仿真】→ 图标，弹出【零件和材料】对话框，在下拉菜单中设置 4 个零件的材料为 ABS，如图 4-19 所示。

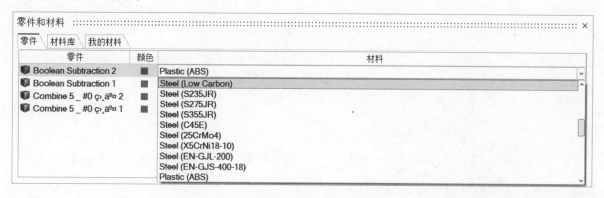

图 4-19 设置材料

步骤三：创建约束

1）单击功能区【结构仿真】→ 图标，选中【载荷】工具中圆锥形施加约束图标。

2）分别单击中间的两个孔位置，施加完全约束，如图 4-20 所示。

3）双击右键退出该工具。

步骤四：创建载荷

1）单击功能区【结构仿真】 图标，选中【载荷】工具中压力图形图标，施加法向载荷。

图 4-20 施加完全约束

2）单击位置 1 的上表面，弹出【载荷设置】对话框，输入 1MPa，即施加了垂直于活塞上表面的 1MPa 压力，如图 4-21 所示。

3）双击右键退出该工具。

4）单击功能区【结构仿真】 图标，选中【载荷】工具中的压力图形图标，施加法向载荷。

5）单击位置 2 的侧表面，按下〈Ctrl〉键选中侧面所有面，弹出【载荷设置】对话框，输入 0.5MPa，即施加了垂直于活塞侧表面的 0.5MPa 压力，如图 4-22 所示。

6）双击右键退出该工具。

图 4-21　施加上表面载荷

图 4-22　施加侧表面载荷

步骤五：设置重力方向

1）单击【力】工具栏，选择重力工具 ⚙️。

2）在模型视图中，将自动出现重力方向，可设置重力大小，如图 4-23 所示。

3）双击右键退出该工具。

步骤六：力学性能运行分析

1）单击【结构仿真】→【分析】图标 📊，选择运行仿真工具，此时会出现【运行 Optistruct 分析】窗口，如图 4-24 所示。

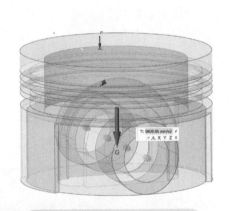

图 4-23　设置重力大小和方向

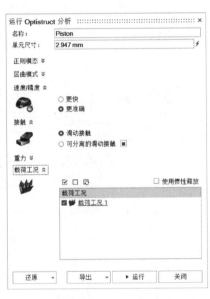

图 4-24　运行分析设置

2）单击【运行】按钮，开始计算，并弹出【运行状态】窗口。分析完成后，【分析】图标上将显示绿色旗帜，运行状态栏中的状态为【Completed】，如图 4-25 所示。

图 4-25　运行状态

步骤七：力学性能仿真结果查看

1）双击运行状态栏中的【Piston】，进入结果查看，或者单击【Piston】→【现在查看】，弹出【分析浏览器】，进入力学性能仿真结果，默认显示【位移】结果。

2）单击【分析浏览器】下方的【数据明细】，选择【Min/Max】，显示最大值和最小值，如图 4-26 所示，最大位移为 0.06261mm。

3）查看力学性能结果的其他类型。

① 安全系数。在分析浏览器的【结果类型】下拉菜单中选择安全系数，该零件的初始最小安全系数为 8.9，如图 4-27 所示。

图 4-26　分析浏览器中位移结果云图　　　　　　图 4-27　安全系数云图

② 米塞斯等效应力。在分析浏览器的【结果类型】下拉菜单中选择米塞斯等效应力，该零件的初始最大米塞斯等效应力为 5.083MPa，如图 4-28 所示。

4）双击右键退出该工具。

接下来，进入结构优化环节，在进行优化之前，需要对零件进行形状控制设置和制定设计空间。

步骤八：形状控制

1）单击【结构仿真】→【形状控制】图标，此时弹出二级功能区，默认选中【对称的】图标。

2）单击活塞的 Boolean Subtraction 1 零件，此时显示三个红色对称中心平面，表明三个平面全部处于激活状态，如图 4-29 所示。

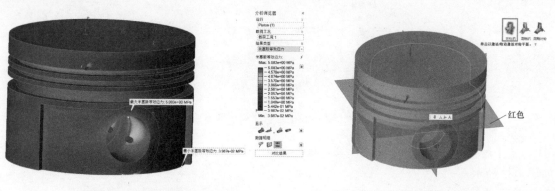

图 4-28　米塞斯等效应力云图　　　　　　图 4-29　默认的三个对称中心平面

由于活塞不是上下对称的，因此单击上下对称中心平面，使其处于关闭状态，取消选定后，该平面变成透明状态，如图 4-30 所示。

3）双击右键退出该工具。

步骤九：定义设计空间

本项目中 Boolean Subtraction 1 为设计空间，右键单击 Boolean Subtraction 1 零件，再单击选中零件呈黄色，此时右击弹出菜单，选中【设计空间】，该零件颜色变为咖啡色，如图 4-31 所示。

从菜单中选择设计空间，在运行优化时，所有被定义为设计空间的零件都将生成一个新形状。

步骤十：运行优化设计

1）单击【结构仿真】→【优化】图标，此时会出现【运行优化】窗口，选择【最大化刚度】作为优化目标。对于【质量目标】，从下拉菜单中选中【设计空间总体积的%】，并选择【30】，以生成占设计空间总材料 30% 的形状。在【厚度约束】下，单击 ⚡ 图标，将【最小】更改为 5mm，如图 4-32 所示。

图 4-30　两个对称面

图 4-31　设置设计空间

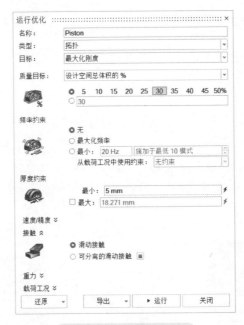

图 4-32　运行优化设置

2）单击【运行】按钮，开始优化计算。此时会弹出【运行状态】窗口，并显示此次运行状态的进度条，如图 4-33 所示。

图 4-33　优化【运行状态】窗口

3）运行成功完成后，进度条会变成一个对勾图标，如图 4-34 所示。

4）双击【运行状态】窗口中的运行名称，生成的形状会显示在模型视图中，如图 4-35 所示。

5）探索优化结果。查看优化后的形状时，【形状浏览器】会出现在模型视图的右上角，如图 4-36 所示。单击并拖动【形状浏览器】中的【拓扑】滑块，可以增加或减少设计空间中的材料。

图 4-34 运行完成后进度条的状态

图 4-35 优化后的默认结构

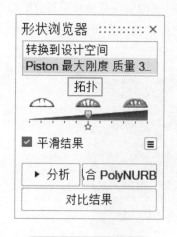

图 4-36 形状浏览器

图 4-37 移动滑块

当在该零件上运行更多的优化时，所有新增运行都将出现在【形状浏览器】的列表中。单击列表中的某个运行，可查看该运行优化后所得到的优化形状。

步骤十一：运行仿真设计

1）单击【形状浏览器】中的【分析】图标，确认图 4-37 所示仿真分析优化后的概念设计结构是否满足力学性能要求。

2）出现【运行状态】窗口，需要注意的是，此次运行仿真的约束、力载荷等均与步骤六一致。

3）双击【运行状态】窗口中的【Piston】，进入结果查看，或者单击【显示分析结果】图标 。

4）查看安全系数。在【分析浏览器】的【结果类型】下拉菜单中选择安全系数，该状态安全系数最低为 3.3，完全满足强度要求，如图 4-38 所示。

如果此处安全系数低于 1 或者低于设计目标值，则要调整【形状浏览器】中的【拓扑】滑块，增加设计空间中的材料。

步骤十二：几何重构

拓扑优化生成的结果是粗糙模型，需要对其进行平滑处理转换为平滑模型。此过程可以采用 PolyNURBS 建模工具完成。

单击【形状浏览器】中的【拟合 PolyNURBS】按钮，进行几何重构，重构后的模型如图 4-39 所示。

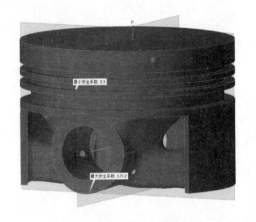

图 4-38　概念设计结构的力学性能分析　　　　图 4-39　几何重构后的模型

步骤十三：强度校核

1）单击【形状浏览器】中的【分析】按钮，确认图 4-39 所示几何重构后模型是否满足力学性能要求。

2）出现【运行状态】窗口，需要注意的是，此次运行仿真的约束、力载荷等均与步骤六和步骤十一一致。

3）双击【运行状态】窗口中的【Piston】，进入结果查看，或者单击【显示分析结果】图标。

4）查看安全系数。在【分析浏览器】的【结果类型】下拉菜单中选择安全系数，该状态的安全系数最低为 3.3，满足设计目标，如图 4-40 所示。

步骤十四：模型导出

单击【文件】→【另存为】，将优化、重构后的模型导出，可导出主流三维 CAD 软件的 STL 等格式即可。

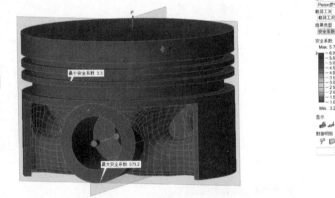

图 4-40　几何重构后模型的力学性能分析

小结

产品结构优化设计可分为拓扑优化、形状优化和尺寸优化。结构拓扑优化是实现结构轻量化的重要手段之一；点阵结构的拓扑具有良好的稳定性和理想的热性能，并且具有理想的重量，也是实现减重目标的一种方法。

有限元法是一种基于变分法而发展起来的求解微分方程的数值计算方法，该方法以计算机为工具，采用分片近似、进而逼近整体的研究思想求解物理问题。有限元法的基本思想为"化整为零、集零为整"。一个完整的有限元结构分析过程包括前处理、施加载荷、设置求解参数并求解、后处理三个环节。本章以活塞部件为例，完成零件结构设计与优化设计的工作流程。

课后练习与思考

1. 常见产品结构优化设计类型有哪些?
2. 有限元法的基本思想是什么?
3. 产品结构优化设计的操作步骤有哪些?

课后拓展

利用互联网,查找更多结构优化设计方法,并归纳总结其中的一种,写出优化设计在创新设计中的优缺点(500 字左右),小组共享。

素养园地

在党中央的坚强领导下,我国在载人航天、探月工程、深海工程、超级计算、量子信息、"复兴号"高速列车、大飞机制造等领域取得了一批重大创新建设成果。新时代是奋斗者的时代,奋斗是长期的,也是艰辛的。今天的我们正面对各种前所未有的机遇和挑战,更应当坚信奋斗的力量、激发奋斗的勇气和智慧。

同学们在产品结构优化设计过程中,要注意节约资源、绿色环保、降低成本,同时要学习大国工匠们吃苦耐劳、脚踏实地的品德和爱岗敬业的精神,具备创新意识、职业素养,这样才能完成自己的本职工作,实现人生价值。

三维模型可视化

> ## 知识目标:

1)了解三维模型渲染的概念。

2)理解三维模型渲染的原理。

3)掌握三维模型渲染的流程。

> ## 技能目标:

1)能够根据产品部件和功能选择合适的材质。

2)能够根据需求调整合适的视角与构图。

3)能够根据渲染的内容设置合适的环境与灯光。

4)能够熟练地完成整个渲染过程。

> ## 素养目标:

1)具有与时俱进的知识更新能力。

2)具有认真、细心的态度和精益求精的工匠精神。

3)具有良好的团队意识和合作能力。

考核要求

完成本项目学习内容,能够根据模型的不同部件和材料进行三维模型渲染,输出逼真的渲染图像。

必备知识

5.1　三维模型渲染

5.1.1　渲染方法介绍

1. KeyShot 软件概述

KeyShot 意为 "The Key to Amazing Shots"，它是一款互动性的光线追踪与全域光渲染软件，采用即时渲染技术。所谓即时渲染技术，就是可以让使用者在调节渲染参数的同时，在软件中直观地看到渲染的效果，从而可以更加方便地设置渲染参数，提高渲染效率的技术。

2. KeyShot 界面介绍

（1）导入　单击主界面下方的【导入】图标进行导入，选择好导入文件后，会弹出图 5-1 所示的【KeyShot 导入】对话框。

1）【位置】选项。

【几何中心】：勾选该选项时，将导入模型，并将模型放到环境的正中心，模型的原始 3D 坐标将被删除；如果不选定，模型将被放到最初创建它的 3D 空间的相同位置。

【贴合地面】：勾选该选项时，将导入模型，并将模型直接定位到地面，并删除模型的原始 3D 坐标信息。

【保持原始状态】：勾选该选项时，将导入模型，并保留与原始起点有关的模型的位置。

2）【向上】选项。需要自己设置不同的方向，尽管 KeyShot 可以识别 3D 建模软件的向上方向，但导入的模型可能是以不同的方向构建的。

3）【环境和相机】选项。

【调整相机来查看几何图形】：勾选此选项时，相机将居中以适应场景里导入的几何图形。

【调整环境来适应几何图形】：勾选此选项时，环境将调整大小以适应场景里导入的几何图形。

图 5-2 所示为导入 3D 模型到 KeyShot 界面的初始状态。

图 5-1　【KeyShot 导入】对话框

图 5-2　导入 3D 模型到 KeyShot 界面的初始状态

（2）库　单击主界面下部的【库】图标，弹出【库】对话框，如图 5-3 所示。常用 KeyShot 库有材质库、颜色库、环境库、背景库、纹理库。

（3）项目　单击主界面下部的【项目】图标，弹出【项目】对话框。模型文件场景的更改都可以在这里完成，包括复制模型、删除组件、编辑材质、调整灯光、相机操作等。

下面介绍一些常用的功能。

1）【场景】对话框。图 5-4 所示为【项目】下的【场景】对话框，在这里可以显示场景文件中的模型、相机等，在【场景】对话框下方还有【属性】【位置】【材质】等选项。

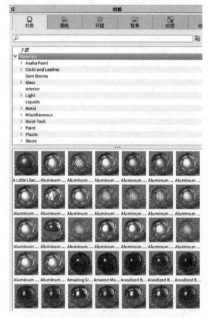

图 5-3　KeyShot【库】对话框

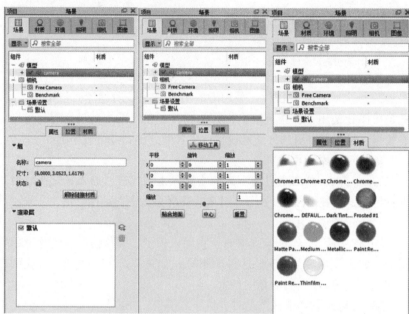

图 5-4　【场景】对话框

导入的模型会保留原有的层次结构，这些层次结构可以通过单击【＋】图标展开。被选中的部件会以高亮显示。在模型名称上单击鼠标右键，可以利用弹出的快捷菜单对模型进行编辑。在场景树中选中模型后，可以对模型进行移动、旋转、缩放等操作，如图 5-5 所示，也可以输入数值。【重置】选项可以恢复到最初始的状态；【中心】选项可以将模型移动到场景中心；【贴合地面】选项可以将模型贴合到地面。

图 5-5　模型移动界面

2）【材质】对话框。图 5-6 所示为【材质】对话框，从中可以看到选中材质的属性。【材质】对话框是进行 KeyShot 渲染所需掌握的重点，这里只做简单的介绍，后文将进行详细讲述。

场景中的材质会以图像形式显示。当从材质库中拖拽一个材质到场景中时，就会在界面下方新增一个材质球，双击材质球可以对此材质进行编辑。

①【名称】：可以在输入框中给材质命名，单击【保存到库】按钮，可以将材质保存到材质库中。

②【材质类型】：此下拉菜单中包含了材质库中的所有材质类型。

【属性】：显示当前所选择材质类型的属性，单击前面的小三角图标可展开其选项。

【纹理】：添加色彩贴图、凹凸贴图、不透明贴图等，如图 5-7 所示。

【标签】：添加材质的标签，如图 5-8 所示。

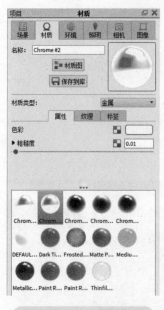

图 5-6 【材质】对话框

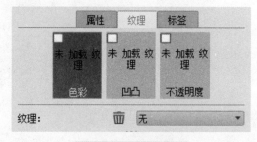

图 5-7 【纹理】界面

图 5-8 【标签】界面

3)【环境】对话框。

图 5-9 所示为【环境】对话框，从中可以编辑场景中的 HDRI 图像，支持的格式有".hdr"和".hdz"。

①【对比度】：用于提高或降低环境贴图的对比度，可以使阴影变得尖锐（提高对比度）或柔和（降低对比度）。为了获得逼真的照明效果，建议保留初始值。

②【亮度】：用于控制环境图像向场景发射光线的总量，如果渲染太暗或太亮可以调整此参数。

③【大小】：用于改变灯光模型中环境拱顶的大小，调整场景中的灯光反射效果。

④【高度】：调整该参数可以向上或向下移动环境拱顶的高度，调整场景中的灯光反射效果。

⑤【旋转】：设置环境的旋转角度，调整场景中的灯光反射效果。

⑥【背景】：可以设置【背景】为【照明环境】【色彩】【背景图像】。

【照明环境】：默认看到的就是照明环境效果，即 HDRI 环境，如图 5-10 所示。

【色彩】：该选项右侧有一个白色长方形，单击这个白色长方形区域，就会弹出一个色板。此时，可根据需求选择色板上的颜色，若想更准确的话，可填其 RGB 值，如图 5-11 所示。

【背景图像】：如果想将自己喜欢的图片作为背景，则可选择【色彩】选项下方的【背景图像】，找到需要的图片并单击【打开】，即可将该图片设置为背景图，如图 5-12 所示。

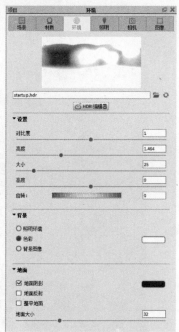

图 5-9 【环境】对话框

图 5-10 【照明环境】效果

图 5-11 【色彩】效果

图 5-12 【背景图像】效果

⑦【地面】选项下可设置以下内容。

【地面阴影】：用于激活场景的地面阴影。勾选此选项，就会有一个不可见的地面来反映场景中的投影。可以将阴影编辑为任何色彩。

【地面反射】：勾选此选项，可以在地面上看到场景中物体的反射效果。

【地面平坦】：勾选此选项，可以使环境的拱顶变平坦，但只有在使用【照明环境】作为背景时才有效。

【地面大小】：拖拽滑块可以增加或减小用于反映投影或反射地面的大小。最佳方式是，尽量减小地面尺寸到没有裁剪投影或反射的情况。

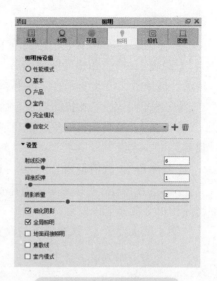

图 5-13 【照明】对话框

4）【照明】对话框。图 5-13 所示为【照明】对话框，从中可以设置场景中与照明相关的配置。

①【照明】对话框里包含了不同的【照明预设值】，使得应用全局照明设置更加快速，其中有五个预设选项和一个额外选项，可以保存自定义预设。

【性能模式】：该预设通过减少反射、禁用照明源材质和阴影，以实现最快速的性能，有助于场景设置和快速操作。

【基本】：该预设利用阴影提供简单、直接的照明，以实现基本场景和快速性能，有助于渲染被环境照明的简单模型。

【产品】：该预设利用阴影提供直接、间接照明，有助于渲染被环境和局部照明所照亮的带有透明材质的产品。

【室内】：该预设利用阴影突出直接、间接照明，从而优化室内照明，主要用于带有间接照明的复杂室内照明。

【完全模拟】：包括间接照明和焦散线在内的所有照明效果，以获得最大的真实感。

【自定义】：该预设通过保存和加载预设的功能，能够完全控制以上照明选项。要添加新的预设，可先调整【设置】，然后选择 ➕ 标志。

② 从【项目】窗口选择【照明】选项卡，展开【设置】部分，在预设之间切换时，注意【设置】是如何改变的。如果某个设置是手动调整的，该预设将切换到【自定义】，可以通过单击【自定义】下拉菜单旁边的 ➕ 图标进行保存。输入名称后，新增的自定义预设将添加到【自定义】下拉列表中。如果要删除自定义预设，只需从预设下拉列表中选中它，然后单击【回收站】图标即可。

【射线反射】：光线通过场景时被反射或折射的最大次数。

【间接反弹】：光线通过场景时被漫反射的最大次数。

【阴影质量】：调整该选项会增加地面的划分数量，以便赋予地面阴影更多的细节。

【细化阴影】：细化三维模型阴影部位的质量，一般需要勾选。

【全局照明】：允许间接光线在三维模型间反射，允许位于透明材质下的其他模型被照亮。会增加计算物体之间光线照射不到的地方的间接照明，使画面不出现大片暗色区域。

【地面间接照明】：地面产生的间接光线反射。

【焦散线】：曲面或曲面对象反射或投射的聚光投影。

【室内模式】：针对室内等复杂的间接照明进行优化的照明算法。

5）【相机】对话框。图 5-14 所示为【相机】对话框，用于编辑场景中的相机。其中包含场景中的所有相机，选择其中一个相机，场景会切换为该相机的视角。单击 图标可以增加或删除

图 5-14 【相机】对话框

相机。

①【位置和方向】：该选项下的设置如图 5-15 所示。

【距离】：推拉相机向前或向后。数值为 0 时，相机位于世界坐标系的中心；数值越大，相机距离中心越远。拖拽滑块可改变数值，相当于在渲染视图中滑动鼠标滚轮改变模型的景深。

【方位角】：控制相机的轨道，数值范围为 -180°~180°，调节此数值可以使相机围绕目标点环绕 360°。

【倾斜】：控制相机的垂直仰角或高度，数值范围为 -90°~90°，调节此数值可以使相机垂直向上或向下观察。

【扭曲角】：数值范围为 -180°~180°，调节此数值可以扭转相机，使水平线产生倾斜。

【标准视图】：下拉菜单中有【前】【后】【左】【右】【顶部】和【底部】六个方向，选择相应的选项，当前相机会被移至该位置。

②【镜头设置】：该选项下的设置如图 5-16 所示。

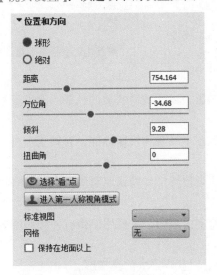

图 5-15 【位置和方向】对话框

图 5-16 【镜头设置】对话框

【视角】：选中此选项，当增加【视角】的数值时，会保持实时视图中模型的取景大小。

【正交】：选中此选项，不会产生透视变形。

【位移】：【位移】镜头用来创建多条垂直线的视觉效果，将其移到两点视角，直接指向相机，然后将相机的视平面向上或向下位移来控制可见的对象。相机在相同的高度是静止的，但它同时也在位移视平面以获取想要的效果。运用【位移】镜头时，并排的产品呈现出的垂直变形更少。图 5-17 和图 5-18 所示分别为使用【视角】镜头和【位移】镜头的情况，可见，使用【位移】镜头的合成效果更好。

图 5-17 【视角】镜头

图 5-18 【位移】镜头

【焦距】：采用和实际摄影一样的方式来调整焦距，低一些的数值可模拟广角镜头，高一些的数值可模拟变焦镜头。

【视野】：相机固定注视一点（或通过仪器）时所能看到的空间范围，广角镜头的视角范围大，变焦镜头的视角范围小。

【地面网格】：用于设置是否显示地面网格。

③【镜头特效】：该选项下的设置如图 5-19 所示。

【景深】：景深可以保持图像的某个区域聚焦，同时模糊其他区域，让观看者的注意力集中于特定的对象或细节，或者创建更加有层次感的照片。

【选择聚焦点】：可以使用【对焦距离】滑动条手动设置深度，也可以单击【选择聚焦点】图标，选择屏幕上的区域或者需要聚焦的部分，如图 5-20 所示。

【对焦距离】：对焦距离是指物像之间的距离，是镜头到物体的距离与镜头到感光元件的距离之和。

【光圈】：光圈值的大小影响聚焦区域的大小。

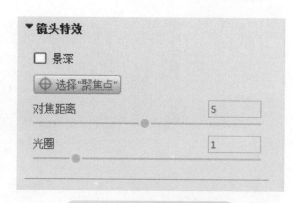

图 5-19　【镜头特效】对话框

6)【图像】对话框。图 5-21 所示为【图像】对话框。

图 5-20　【镜头特效】设置效果

图 5-21　【图像】对话框

①【分辨率】：修改分辨率会修改实时窗口的大小。若勾选【锁定幅面】复选项，当自由调整窗口或输入数值时，实时渲染窗口长宽比保持不变。

②【调节】下有【亮度】和【伽玛值】两个选项。

【亮度】：调整实时窗口渲染图像的亮度，类似于 Photoshop 中的调整亮度操作，一般作为一种后处理方式。

【伽玛值】：类似于调整实时窗口渲染图像的对比度，数值降低会增加对比度，数值升高会降低对比度，为了得到逼真的渲染效果，推荐保留初始数值。这个参数很敏感，调整得太多会导致不真实的结果。

③【特效】：调整其中的参数会改变光晕的效果。

【Bloom 强度】：给自发光材质添加光晕特效，使画面具有整体柔和感，调整数值可以控制光晕特效的强度，如图 5-22 所示。

【Bloom 半径】：控制光晕扩展的范围。

【暗角强度】：可以使渲染图像周围产生阴影，使视觉焦点集中在三维模型上，效果如图 5-23 所示。

图 5-22　光晕特效

【暗角颜色】：修改【暗角强度】选项中暗角阴影的颜色。

（4）动画　动画制作功能在 KeyShot 主界面下部，单击【动画】图标，弹出【动画】对话框，如图 5-24 所示。

a)　　　　　　　　　　　　　b)

图 5-23　暗角强度效果

【动画】窗口包含【前进】【后退】等图标，这组图标用于动画的控制；【循环】图标 ⟳ 用于控制动画是否循环放映；【预览】图标 ✎ 用于预览动画的效果；【设置】图标 ⚙ 用于时间轴的设置；【动画向导】图标用于制作动画。时间轴界面类似于 Flash 时间轴，展示动画的持续时间和动作的先后顺序。

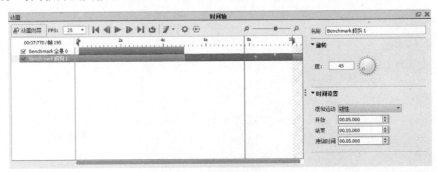

图 5-24　【动画】对话框

KeyShot 动画系统主要用来实现移动部件的简单动画。这种动画不是使用传统的关键帧系统创建的，而是模型或部件的单个转换，多个转换可以被添加到单一部件上，所有的转换都将以时间轴表示，这些转换可以在时间轴里交互式地移动和缩放，以调整时间设置，改变动画的持续时间。

（5）KeyShotVR　单击【KeyShotVR】图标，能够制作可用于网页交互式的 3D 产品演示效果，它提供【转盘】【球形】【半球形】等类型的动画方式，如图 5-25 所示。

在计算机上可以通过拖动鼠标查看图像，而在触摸式设备上则是通过手指触摸查看，完全不需要安装任何浏览插件。

（6）渲染　用户可以通过截图的方式保存效果图，但这种方式保存的图片不够清晰。单击 KeyShot 工作窗口正下方的【渲染】选项，弹出【渲染】对话框，如图 5-26 所示，可以自定义输出文件夹。一般输出图片的格式为 JPEG，分辨率可根据需要调整。

如果效果图要输出到其他软件，如 Photoshop 中进行版面设计，则需带有透明通道，这样可以给后期的版面设计带来极大的便利，输出格式选择【JPEG】格式，并勾选【包含 alpha（透明度）】复选框。

3. KeyShot 材质讲解

微课视频直通车 14：

　　KeyShot 材质的使用方法

微课视频直通车 15：

　　KeyShot 材质通用参数

（1）KeyShot 材质通用参数　常用材质的通用参数包括【漫反射】【镜面】【折射率】和【粗糙度】等。

1）【漫反射】。【漫反射】参数控制材质的颜色，若是在【漫反射】贴图通道中添加了纹理贴图，将会使用贴图来覆盖颜色设置。

【漫反射】贴图一般用来模拟物体表面的纹理，如木纹、大理石、织物表面的图案等。单击其图标，可以加载一幅图像来模拟物体表面的纹理或贴花效果。图 5-27 所示为材质的漫反射效果示例。

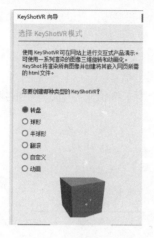

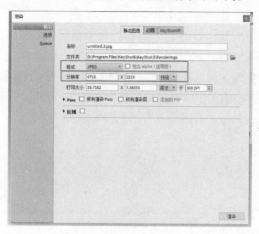

图 5-25　【KeyShotVR 向导】对话框　　　　图 5-26　【渲染】对话框

2）【高光】。【高光】参数是很多材质都具有的参数，用来表现抛光或瑕疵很少的材质呈现的反射效果和光泽。【高光】参数控制材质镜面反射光线的颜色和强度。当【高光】设置为黑色时，材质就没有镜面反射，并不会呈现反射效果和光泽度；设置为白色时，则是给材质一个 100% 的反射材质。

图 5-28 所示为【高光】参数中不同的明度值对反射的影响。

a)　　　　　　b)　　　　　　c)

图 5-27　材质的漫反射效果示例　　　　图 5-28　【高光】参数中不同明度值对反射的影响

3）【高光传播】。【高光传播】表达的是材料的透明度，黑色是 100% 不透明，白色是 100% 透明。图 5-29 所示为【高光传播】参数中不同的明度值对透明度的影响。

4）【漫透射】。【漫透射】参数的设置会让材质表面产生额外的光线散射效果，用于模拟半透明效果，这会增加渲染时间，如果不是必要的情况，推荐保留初始设置为黑色。半透明效果也可以用【半透明】材质来模拟。图 5-30 所示为不同漫透射明度值的材质效果。

a)　　　　　b)　　　　　c)　　　　　　a)　　　　　b)　　　　　c)

图 5-29　【高光传播】参数中不同明度值对透明度的影响　　　图 5-30　不同漫透射明度值的材质效果

5）【粗糙度】。在很多材质类型中都有【粗糙度】参数，用来调整材质微观层面的凹凸、表面粗糙程度，通常是一个滑块。当增加粗糙度时，光线会在表面散射开，搅乱镜面反射，使反射效果也模糊。图 5-31 所示为设置不同粗糙度值的材质效果。

图 5-31　设置不同粗糙度值的材质效果

6）【采样值】。【采样值】是指渲染图像中一个像素发出光线的数量，如图 5-32 所示。每条射线收集它的周围环境信息，并返回此信息到该像素点，以确定它的最终着色，用来控制某个材质从相邻对象或者周围环境收集到的信息数量。【采样值】越高，准确性越高，材质越平滑。

KeyShot 库中的大多数材质都有其默认【采样值】，可以提高这个【采样值】，以便获得渲染质量更好的材质，这在为材料添加粗糙度或者凹凸纹理时尤为重要。

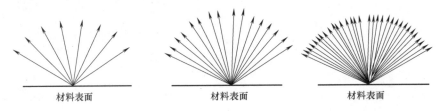

图 5-32　不同【采样值】参数示意

7）【粗糙度传播】。【粗糙度传播】是指折射的粗糙度，该参数与【粗糙度】的主要区别在于，其产生的粗糙感主要位于材质的整个内部。利用该参数可以创建磨砂的外观，同时仍保持内部光泽的材质，但需要通过【高光传播】参数使材质透明来产生这种效果。图 5-33 所示为不同【粗糙度传播】值的材质效果。

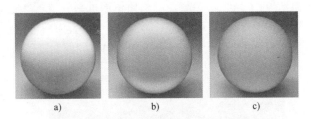

图 5-33　不同【粗糙度传播】值的材质效果

8）【折射指数】。某种介质的折射指数是指光在真空中的传播速度与光在该介质中的传播速度之比。例如，水的折射指数为 1.3，玻璃的折射指数为 1.5，钻石的折射指数为 2.4，表示光通过水所用的时间为它通过真空的 1.3 倍，通过玻璃所用的时间为它通过真空的 1.5 倍，通过钻石所用的时间为它通过真空的 2.4 倍。光线在该介质中通过的速度越慢，物质在该介质中发生的弯曲和扭曲越明显。图 5-34 所示为不同【折射指数】值的材质效果。

不同物质的折射率可以在网上查询得到，在 KeyShot 中可以参考这些数值来调整材质的折射率。

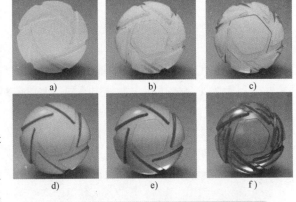

图 5-34　不同【折射指数】值的材质效果

9）菲涅尔效应与折射指数。反射有一个效应：基于反射面与视线的夹角不同，反射程度会有所不同，这种现象称为菲涅尔效应。反射面与视线越接近平行，物体表面的反射就越强烈，这个反射由弱到强的过程可由【折射指数】来控制。

需要注意的是，反射强度还受【高光】参数颜色明度值的影响，这个【高光】参数颜色是对反射整体的控制，【菲涅尔】则是在【高光】的基础上，基于视线与曲面夹角的不同，控制材质反射程度的强弱。

图 5-35 所示为打开和关闭【菲涅尔】选项的对比效果，关闭选项之后反射效果变成全反射。

（2）KeyShot 基本材质类型　　KeyShot 材质可以划分为【基本】【高级】【光源】【特殊】四大类。【基本】材质类型包括【半透明】【塑料】【实心玻璃】【平坦】【油漆】【液体】【漫反射】【玻璃】【薄膜】【金属】。

1）【半透明】材质。【半透明】材质能模拟塑料或其他材质的次表面散射效果，设置面板如图 5-36 所示。

a) 打开[菲涅尔]选项　　　b) 关闭[菲涅尔]选项

图 5-35　打开和关闭【菲涅尔】选项的对比效果

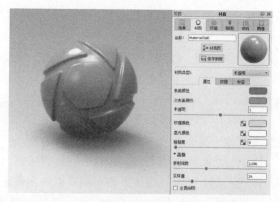

图 5-36　【半透明】材质设置面板及相应效果示例

【表面颜色】：该参数用于控制材质外表面的扩散颜色，也可以认为是整个材质的颜色。需要注意的是，在调整这种类型的材质时，如果【表面颜色】参数设置为【全黑】，则不会产生次表面的半透明效果。

【次表面颜色】：该参数用于控制通过材质后到达眼睛的光线的颜色。人的皮肤就是次表面散射的一个很好的例子，当一束强光透过耳朵（或手指）上薄的区域时，会因为皮肤内有血液而使那些薄的区域显得很红。

【半透明】：该参数用于控制光线穿透表面后进入物体的深度，数值越大，就会看到越多的次表面颜色，产生的材质效果越柔和。

【纹理颜色】：通过颜色或纹理贴图来表现材质表面的色彩。

【高光颜色】：通过颜色的明度值控制材质表面的反射程度，一般用非彩色。白色表示全部反射，黑色表示不反射。若用彩色，则可以模拟那种依据光线与物体表面形成角度而产生颜色渐变效果的双色材质。

【粗糙度】：增大该参数的数值，会增加反射的延伸效果，得到磨砂质感。

【折射指数】：单击【高级】选项左侧的图标，会展开【折射指数】参数，可以用来进一步增加或减小表面上的反射强度。

【采样值】：该参数用于【折射指数】参数的采样控制，数值越大，反射效果越细腻，计算所需时间越长。

【全局照明】：启用该参数，会增加材质暗部（投影区域）的光照，使暗部（投影区域）更明亮些。

【半透明】材质可以散射光线，当材质背面或内部有灯光时，半透明材质才会呈现更完美的光线散射效果。图 5-37a 所示为基于全局光与环境光照明下的半透明效果，图 5-37b 所示为内部有黄色灯光的半透明效果。

2）【塑料】材质。【塑料】材质设置面板及相应效果示例如图 5-38 所示。

a)　　　　　　　b)

图 5-37　【半透明】材质受光照影响比较

图 5-38　【塑料】材质设置面板及相应效果示例

【漫反射】：用于控制整个材质的颜色。

【高光】：用于设置场景中光源的反射颜色和强度。黑色表示关闭反射，白色为100%反射，可以得到抛光塑料效果。真实塑料的高光没有颜色，所以一般设置为白色或灰色。该参数用彩色会得到类似金属的质感。

【粗糙度】：该参数可以模拟材质表面有细微层次的杂点。其值为0，材质完全平滑抛光；数值加大，材质表面产生漫反射，会显得更粗糙。

【折射指数】：该参数用于控制高光反射的强度，根据具体的材料组成可以在网上查询数值。

3）【实心玻璃】材质。与简单的玻璃材质比较，【实心玻璃】材质会考虑到模型的厚度，所以【实心玻璃】材质可以更准确地模拟玻璃的颜色效果。其设置面板及相应效果示例如图5-39所示。

【色彩】：用于设定材质的颜色，控制材质的整体色彩，当光线进入表面时，会被染色。这种材质的颜色深度依赖于其亮度值，如果已设置一种颜色，但颜色看起来太微弱，整体很暗，则需要提高颜色的亮度。

【颜色强度】：此参数控制光线在物体内传播时的颜色浓度，和物体的厚度有关，其值越高，颜色越淡。

【折射指数】：用于设定实心玻璃折射的扭曲程度。

【粗糙度】：粗糙度会分散物体表面的反射亮点，使其看起来像磨砂玻璃。展开此参数，可设置【采样值】，更高的数值会产生更少的杂点。

4）【平坦】材质。【平坦】材质是一种非常简单的材质类型，可以产生一种无阴影、无高光、整个对象是全部单一颜色的材质效果。图5-40所示为【平坦】材质设置面板及相应效果实例。

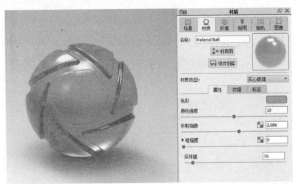

图5-39 【实心玻璃】材质设置面板及相应效果示例

图5-40 【平坦】材质设置面板及相应效果示例

5）【油漆】材质。【油漆】材质用于渲染不需要金属质感的材质，只需要简单的有光泽的喷漆。其设置很简单，只需设置材质的色彩和折射指数。图5-41所示为【油漆】材质设置面板及相应效果示例。

【色彩】：设置油漆底层的颜色。

【粗糙度】：数值为0，油漆表层完全平滑抛光，得到完全清漆效果；数值加大，光线在表面有漫反射，材质表面会显得更加粗糙，得到类似于绒面或亚光喷漆的效果。

【折射指数】：该滑块用于控制清漆的强度，一般设置为1.5。若渲染需要抛光的喷漆，增加数值即可。数值为1时，相当于关闭清漆效果，用于制作表面亚光或模拟金属质感的塑料材质效果。

6）【液体】材质。【液体】材质是【实心玻璃】材质的变型，提供额外的【外部折射指数】参数设置。【液体】材质设置面板及相应效果示例如图5-42所示。

【色彩】：用于设定材质的颜色。

【折射指数】：用于设定液体折射的扭曲程度。

【透明度】：该参数控制【色彩】属性里设置的颜色的显示数量，并且依赖于这个材质组件的厚度。在设置了【色彩】参数后，使用【透明度】设置可以调整颜色，数值越小颜色越深，数值越大颜色越浅。

【外部折射指数】：此参数的设置可以准确地模拟两种不同材质之间的折射界面。最常见的用途是渲染装有液体的容器。例如，设置一杯水，需要一个单独的表面来表示玻璃和水相交的界面，这个表面内部有液体，因此【折射指数】设置为1.33；外面有玻璃，【外部折射指数】设置为1.5。

图 5-41　【油漆】材质设置面板及相应效果示例　　**图 5-42　【液体】材质设置面板及相应效果示例**

【外部传播】：控制材质外光线的颜色，在需要渲染装有液体的容器时使用。

7）【漫反射】材质。【漫反射】材质只有一个参数，就是漫反射颜色。利用该材质可轻松地创建任何一种磨砂或者非反光材质，由于是一种完全的漫反射材质，因此镜面贴图不可用。【漫反射】材质设置面板及相应效果示例如图 5-43 所示。

8）【玻璃】材质。【玻璃】材质是一种用于创建玻璃的简单材质类型，其设置面板及相应效果示例如图 5-44 所示。

图 5-43　【漫反射】材质设置面板及相应效果示例　　**图 5-44　【玻璃】材质设置面板及相应效果示例**

和【实心玻璃】材质相比，该材质缺少【粗糙度】与【颜色强度】参数，通常用于渲染汽车风窗玻璃的材质。

【色彩】：用于设定玻璃的颜色。

【折射指数】：用于设定玻璃折射的扭曲程度。

【双面】：用于开启或禁止材质的折射属性。勾选该复选框，材质产生折射效果；取消勾选，材质就没有折射效果，会看到其表面的反射效果并且呈现透明，光线穿过曲面不会发生弯曲。当希望看到曲面背后的对象而没有因折射产生的扭曲现象时，应该取消勾选这个复选框。

9）【薄膜】材质。【薄膜】材质可以产生类似于肥皂泡上的彩虹效果，其设置面板及相应效果示例如图 5-45 所示。

【折射指数】：可以模拟表面渐变、或多或少的反射效果，增加数值会增大反射强度。实际上，薄膜的颜色会受到折射指数的影响，也可以通过【厚度】参数的设置调整颜色。通常只需要通过【折射指数】参数的设置来调整反射的总量。

【厚度】：用于调整薄膜材质表面的颜色。当该项增加到很大的数值时，表面颜色会呈现一层层的效果，其数值范围为 10~5000。

【彩色滤镜】：这个参数是颜色倍增器，设置为白色时，材料的颜色将由物体的厚度决定。不饱和颜色可以用来为材质添加微妙的色调变化。

10）【金属】材质。【金属】材质可以很简单地创建抛光或粗糙金属质感的材质。其设置非常简单，只需设置【色彩】和【粗糙度】两个参数，如图5-46所示。

图5-45 【薄膜】材质设置面板及相应效果示例

图5-46 【金属】材质设置面板及相应效果示例

【色彩】：该参数用于控制曲面的基本颜色。

【粗糙度】：该参数数值为0，金属完全平滑抛光；数值加大，材质表面会出现细微层次的杂点，产生漫反射，显得更加粗糙。

（3）KeyShot高级材质类型 KeyShot高级材质类型包括【丝绒】【半透明（高级）】【各向异性】【塑料（高级）】【宝石效果】【绝缘材质】【金属漆】【高级】。

1）【丝绒】材质。【丝绒】材质可以用来模拟有特别光线效果的柔软面料材质，其设置面板及相应效果示例如图5-47所示。

【漫反射】：该参数用于控制材质的颜色，一般选深色，当用浅色时，材质会显得不自然的亮。

【光泽】：该选项中设置的颜色是在从曲面背后穿过的光线反射的颜色。这个参数可以结合【锐度】参数一起控制整个材质光泽的柔和程度。

【粗糙度】：该参数用于调整材质表面的光洁程度。

【反向散射】：该参数用于控制整个表面尤其是暗部区域的散射光线，使整个表面看起来柔和，它的颜色由【光泽】参数控制。

【锐度】：该参数用于控制表面光泽效果传播得多远，设置较小的数值会使光泽逐渐淡出，而较大的数值会使表面边缘的周围产生明亮的光泽边框；数值设置为0时，没有光泽效果。

2）【半透明（高级）】材质。【半透明（高级）】材质能模拟很多塑料或其他材质次表面散射的效果，其设置面板及相应效果示例如图5-48所示。与【半透明】材质相比，该材质控制能力更强，在【表面颜色】和【次表面颜色】通道内设置贴图，可以表现更复杂的材质变化效果。而【半透明】材质的【表面颜色】和【次表面颜色】只能进行单一颜色设置。

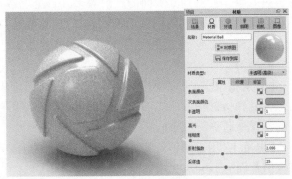

图5-47 【丝绒】材质设置面板及相应效果示例

图5-48 【半透明（高级）】材质设置面板及相应效果示例

【表面颜色】：该参数用于控制材质外表面的扩散颜色，也可以认为是整个材质的颜色。需要注意的是，在调整这种类型的材质时，如果【表面颜色】参数设置为全黑，则不会产生次表面的半透明效果。

【次表面颜色】：该参数用于控制通过材质后到达眼睛的光线的颜色。

【半透明】：该参数用于控制光线穿透表面后进入物体的深度，数值越大，可以看到越多的次表面颜色。【半透明】的数值越大，产生的材质效果越柔和。

【高光】：该参数用于控制材质的反射颜色与强度。

【粗糙度】：增大该参数的数值，会增加反射的延伸，得到磨砂质感。

【折射指数】：该参数用于控制曲面反射的强度。

3)【各向异性】材质。【各向异性】材质用于控制材质表面的亮点（高光），其设置面板及相应效果示例如图 5-49 所示。其他材质类型只有一个【粗糙度】参数，【各向异性】材质有两个独立的滑块，可以分别调整两个方向的粗糙度来控制高光的形状。这种材质通常用来模拟金属拉丝表面。

图 5-49 【各向异性】材质设置面板及相应效果示例

【色彩】：若要创建一种金属材质，该参数应设置为黑色。当设置为纯黑色以外的任何颜色时，这种材质看起来更像塑料。

【粗糙度 X】和【粗糙度 Y】：分别用于控制 X 轴和 Y 轴方向上的表面高光延伸效果。增大参数值，表面高光会延伸，并得到拉丝效果。如果两个滑块的值相同，会使各个方向的延伸变得均匀。

【角度】：当【粗糙度 X】和【粗糙度 Y】的数值不同时，设置这个参数会使高光产生旋转扭曲效果，数值范围为【0～360】。

【模式】：用于控制高光如何延伸的高级参数，默认选项为【线性】，表示独立于用户对物体指定的 UV 贴图坐标；选择【径向】时，可以用来模拟 CD 播放面的高光效果；选择【UV】时，可以依据指定的 UV 坐标，基于建模软件的贴图来操纵各向异性材质的高光亮点。

【采样值】：设置较小的采样值（8 或更低）时，会使表面看起来有更多的噪点，显得很粗糙；增大采样值，噪点减少，会使表面平滑，得到分布均匀的粗糙感。

4)【塑料（高级）】材质。【塑料（高级）】材质类型与基本塑料材质类型相比，多了【漫透射】与【高光传播】参数，可用于模拟半透明或透明塑料材质，其设置面板及相应效果示例如图 5-50 所示。

【漫反射】：用于控制整个材质的颜色。

【高光】：用于设置场景中光源的反射颜色和强度。黑色表示关闭反射，白色为 100% 反射，可以得到抛光塑料效果。真实塑料的【高光】没有颜色，所以一般设置为白色或灰色。该参数设置为彩色，会得到类似于金属的质感。

图 5-50 【塑料（高级）】材质设置面板及相应效果示例

【粗糙度】：该参数用于模拟材质表面细微层次的杂点。当数值为 0 时，材质完全平滑抛光；数值加大，材质表面产生漫反射，会显得更粗糙。

【采样值】：低于 8 的参数值会使材质表面杂点较多、显得较粗糙；增大数值，会使杂点减少，使表面平滑均匀。

【漫透射】：该参数可以让材质表面产生额外的光线散射效果，用于模拟半透明效果，会大大增加渲染时间。该参数的设置不是很有必要，推荐保留初始设置即黑色。

【高光传播】：该参数用于模拟有透明效果的塑料材质。黑色表示 100% 不透明，白色则表示 100% 透明。

【折射指数】与【菲涅尔】：参数设置参见【KeyShot 材质通用参数】→【菲涅尔效应与折射指数】小节内容。

5）【宝石效果】材质。【宝石效果】材质与【实心玻璃】材质、【绝缘】材质和【液体】材质类型相似，只是为渲染宝石做了相关优化，【阿贝数（散射）】参数设置对于得到宝石表面的炫彩效果非常重要。【内部剔除】是这个材质类型中另外一个很重要的参数。图 5-51 所示为其设置面板及相应效果示例。

【色彩】：该参数控制材质整体的颜色，光线进入曲面后会被染色。这种材质的颜色数量依赖于【透明度】参数的设置，如果已设置一种颜色，但看起来太微弱，则需要降低【透明度】参数的数值。

【折射指数】：该参数控制光线通过这个材质类型的部件时会弯曲或折射的程度。大部分宝石的折射指数远比 1.5 高，该参数数值可以设置为 2 以上。

图 5-51 【宝石效果】材质设置面板及相应效果示例

【透明度】：在设置了【色彩】参数后，设置该参数可以调整颜色的饱和度，较小的数值可使模型表面薄的区域颜色更饱和；越大的数值可使模型表面薄的区域颜色越微弱。

【粗糙度】：和其他不透明材质一样，【粗糙度】参数的设置可以用来延伸曲面上的高光形态。但是，这种类型的材质也会透射光线。例如，设置该参数会创建一种毛玻璃效果，配合低一些的采样值设置，产生一种有杂点的效果；高的采样值设置可以使杂点更平滑，得到平滑的毛玻璃效果。

【阿贝数（散射）】：该参数可以控制光线穿过曲面以后的散射效果，得到类似于棱镜的效果。这种彩色棱镜效果可以用来创建宝石表面炫彩的效果。参数值为 0 将完全禁用散射效果。数值较小时将显示重分散，增大数值，效果会更加微弱。如果需要一个微弱的散射效果，建议以 35 ～ 55 为起始值开始调整。这个参数也配有一个采样值，低一些的采样值设置会产生有杂点的效果，高的采样值设置可以使杂点更平滑。

【内部剔除】：用于渲染实心宝石材质，忽略内部其他物质。

6）【绝缘材质】。【绝缘材质】是一种用来创建玻璃材质的高级材质类型，与【实心玻璃】材质类型相比，增加了一个【阿贝数（散射）】参数项。【绝缘材质】设置面板及相应效果示例如图 5-52 所示。

【传播】：用于控制材质的整体颜色，光线进入表面后会被染色。

【折射指数】：控制光线通过这个材质类型的部件时弯曲或折射的程度。默认数值为 1.5，增大数值，可以使内表面的折射效果更加明显。

【外部传播】：用于控制材质外光线颜色的参数，可进行更高级、复杂的设置，常在需要渲染容器内有液体时使用。例如，渲染一个有水的玻璃杯，需要在液体和玻璃接触的地方专门创建一个曲面，对于这个曲面，可以用【外部传播】参数来控制玻璃的颜色，而【传播】参数用来控制液体的颜色。如果玻璃和液体都是清澈的，则【外部传播】和【传播】的颜色都可以设置为白色。

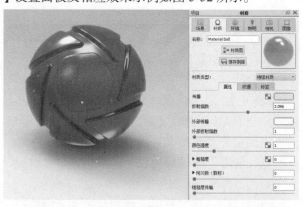

图 5-52 【绝缘材质】设置面板及相应效果示例

【外部折射指数】：此滑块是更高级、功能更强大的设置，可用于准确地模拟两种不同折射指数的材质之间的界面。最常见的用途是渲染装有液体的容器，如一个盛酒的杯子。在这样的场景中，需要一个外面有玻璃单一的表面来表示玻璃和酒相交的界面。这个表面内部有酒液，因此【折射指数】设置为 1.33；外面有玻璃，【外部折射指数】应设置为 1.5。

【颜色强度】：用于控制用户看到在【传播】参数中所设置的颜色。在设置一种【传播】颜色后，使用【颜色强度】设置可以使颜色更加饱和和突出（或相反），较小的数值会使模型表面薄的区域颜色更多，较大的数值会使表面薄的区域颜色更微弱。

【粗糙度】：和其他不透明材质一样，【粗糙度】设置可以用来延伸曲面上的高光形态。但是，这种类型的材质也会透射光线，利用该参数可以创建毛玻璃效果。这个参数配有一个采样值，低一些的参数值设置可以产生有杂点的效果，高的参数值设置可以使杂点更平滑，得到平滑的毛玻璃效果。

【阿贝数（散射）】：控制光线穿过曲面以后的散射效果，得到类似棱镜的效果，用于创建宝石表面炫彩的效果。

【粗糙度传播】：详见【KeyShot材质通用参数】→【粗糙度传播】小节内容。

7)【金属漆】材质。【金属漆】材质可以模拟有三层喷漆效果的材质。最下层是基础层；第二层控制金属喷漆薄片的程度；最上面一层是清漆，用于控制整个油漆的清晰反射效果。【金属漆】材质设置面板及相应效果示例如图5-53所示。

【基色】：设置整个材质的颜色，可以认为是油漆的底漆。

【金属颜色】：这一层相当于在基础之上喷洒金属薄片，可以选择一个与基色类似的颜色来模拟微妙的金属薄片效果，通常利用白色或灰色来得到真实的油漆质感。金属颜色在亮点高光周围比较凸显，基色在曲面照明较少区域更明显。

【金属覆盖范围】：用于控制金属色与基色的比例，设置为0时，只能看到基色；设置为1时，表面将几乎完全覆盖为金属颜色。

图 5-53 【金属漆】材质设置面板及相应效果示例

【金属表面的粗糙度】：该参数控制曲面【金属颜色】参数的延展程度，数值较小时，只有高光周围有很少的金属颜色；数值较大时，整个表面就会有更大范围的金属颜色。该参数也有采样值，可以控制金属喷漆的粗糙感，较小的数值会产生明显的薄片效果；较大的数值则会使金属效果的颗粒分布得更均匀、平滑。为了得到类似于珠光的效果，这个参数可以设置得较大一些。

【透明涂层粗糙度】：金属漆最上面一层是透明涂层（清漆），可以模拟清晰的反射效果。如果需要缎面或亚光漆效果，可增大【透明涂层粗糙度】参数值。

【透明涂层折射指数】：用于控制清漆的强度，一般取值为1.5。若需要模拟喷漆抛光的效果，可增大数值。将数值设为1，相当于关闭清漆效果，可用于制作表面亚光或模拟金属质感的塑料材质效果。

8)【高级】材质。【高级】材质是所有KeyShot材质中功能最多的材质类型。【高级】材质设置面板及相应效果示例如图5-54所示，比其他材质类型的参数要多。金属、塑料、透明塑料或磨砂塑料、玻璃，以及漫反射和皮革材质都可以由这种材质类型来创建。

【漫反射】：该参数用于调整材质的整体色彩或纹理。透明材质很少或没有漫反射；金属没有漫反射，金属的所有颜色来自于镜面反射。

【高光】：该参数用于控制材质对于场景中光源反射的颜色和强度。黑色强度为0，材质没有反射；白色强度为100%，完全反射。

如果正在创建一种金属材质，该参数就是金属颜色的设置；如果正在创建一种塑料材质，该参数则应该调整为白色或灰色，塑料不会有彩色的镜面反射。

【氛围】：该参数用于设置当场景中的对象有自

图 5-54 【高级】材质设置面板及相应效果示例

我遮蔽的情况时，材质中直接光照不能照射到的区域的颜色。该参数的设置会产生非现实的效果，非必要推荐保留初始设置，即黑色。

【粗糙度】：该值增加会使材质表面微观层面产生颗粒。设置为 0 时，材质会呈现出完美的光滑和抛光质感；数值越大，由于表面出现漫反射，材质会显得越粗糙。

【折射指数】：该参数用于控制材质折射的程度。

【漫透射】：该参数可以让材质表面产生额外的光线散射效果来模拟半透明效果。该参数设置会增加渲染时间，非必要推荐保留初始设置，即黑色。

【高光传播】：该参数用于控制材质的透明度。黑色表示 100% 不透明，白色表示 100% 透明。

【粗糙度传输】：该参数与【粗糙度】的主要区别在于，其设置的粗糙感主要位于整个材质的内部，可以用来创建一种磨砂材质，同时仍保持表面光泽。这种材质需要通过设置【高光传播】参数使材质透明后才能产生这种效果。

【光泽采样】：该参数用于控制光泽（粗糙）反射的准确性。

【菲涅尔】：该参数用于控制垂直于相机区域的光线反射强度，在真实世界中，材质对象边缘比直接面对相机区域的光线折射效果更明显。材质的反射和折射都有菲涅尔现象，这个参数默认开启，不同材质有不同的菲涅尔数值，详见"KeyShot 材质通用参数"→"菲涅尔效应与折射指数"小节内容。

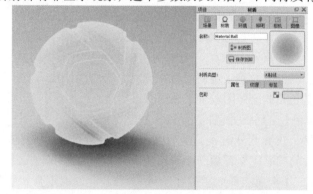

（4）KeyShot 特殊材质　KeyShot 特殊材质类型包括【X 射线】【Toon】【地面】【线框】。

1)【X 射线】材质。【X 射线】材质可以用来创建一种褪去外壳查看物体内部元件的材质效果。这种材质类型的参数设置很简单，设置面板及相应效果示例如图 5-55 所示。

【色彩】：用于设置材质整体的颜色。

图 5-55 【X 射线】材质设置面板及相应效果示例

2)【Toon】材质。【Toon】材质可以创建类似于二维卡通风格的效果，可以控制轮廓宽度、轮廓线的数量以及是否将阴影投射到表面上，设置面板及相应效果示例如图 5-56 所示。

【色彩】：设置材质的填充颜色。

【轮廓颜色】：控制模型轮廓的颜色。

【轮廓角度】：控制卡通素描内部轮廓线的数量。设置较小的值将增加内部轮廓线的数量，设置更大的值将减少内部轮廓线的数量。

【轮廓宽度】：控制模型轮廓的粗细。

【轮廓质量】：控制轮廓线的质量，数值越大，线条越干净、平滑。

【透明度】：设置是否允许光线穿透模型，以显示模型内部结构。

【轮廓宽度以像素为单位】：当启用此设置时，【轮廓宽度】滑块被校准，以允许更细的轮廓线。当此参数被禁用时，【轮廓宽度】滑块被校准，以允许较粗的轮廓线。

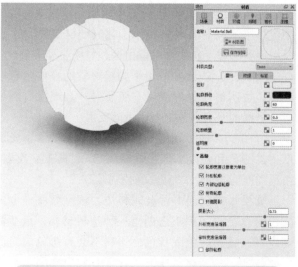

【内部边缘轮廓】：显示或隐藏模型的内部轮廓线。

【材质轮廓】：允许显示或隐藏轮廓线分隔每个链接的【Toon】材质。如果【Toon】材质有联系，此设置将不起作用。

【环境阴影】：显示由于照明环境模型投射到本身

图 5-56 【Toon】材质设置面板及相应效果示例

的阴影。

3)【地面】材质。【地面】材质是一种简化的、专门用于渲染地面物体的材质类型，其设置面板及相应效果示例如图 5-57 所示。

选择【编辑】→【添加几何图形】→【地平面】命令，即可以为 KeyShot 场景添加地平面。【地面】材质也可以应用于导入的几何物体。

【阴影颜色】：控制模型在地面物体上产生的投影的颜色。

【高光】：控制非黑色的颜色可以让地面产生反射的效果。

【粗糙度】：控制地面的粗糙程度。

【折射指数】：控制地面上的反射效果。

图 5-57 【地面】材质设置面板及相应效果示例

【剪切地面之下的几何图形】：如果任何几何形状被显示在【地面】材质之下，该选项将夹在地面以下的几何结构中，并从相机中隐藏。

4)【线框】材质。【线框】材质用于描绘多边形的框架和每个多边形表面的顶点，其材质设置面板及相应效果示例如图 5-58 所示。

【宽度】：控制线框的粗细程度。

【线框色彩】：控制线框的颜色。

【基色】：控制材质的整体颜色。

【基本传输色】：控制基本传输色，设置较浅的颜色会使外观的透明度更强。

【背面基色】：控制背面的基本色。

【线框背面颜色】：控制线框背面的颜色。

5)【自发光】材质。【自发光】材质可用于模拟小的光源，如 LED、发亮的屏幕显示，其材质设置面板及相应效果示例如图 5-59 所示。

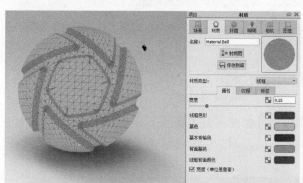

图 5-58 【线框】材质设置面板及相应效果示例

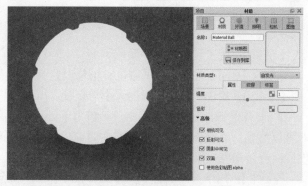

图 5-59 【自发光】材质设置面板及相应效果示例

若要使自发光材质产生光晕的效果，可以在【项目】→【图像】对话框中，勾选【特效】→【光晕】复选框。

【强度】：控制发光强度，使用色彩贴图时依然有效。

【色彩】：控制发光材质的颜色。

【相机可见】：勾选该复选框时，相机中可显示材质的发光效果；如果取消勾选，则对相机隐藏发光材质物体，但依然散发出光线。

【反射可见】：勾选该复选框时，具有反射材质的物体会反射自发光物体；取消勾选时，会在【镜面】反射里隐藏材质的发光效果，发光效果只对【漫反射】物体效果明显。

【双面】：取消勾选该复选框，材质将只有单面发光，另一面则变为黑色。

（5）KeyShot 光源材质　KeyShot 光源材质类型包括【区域光漫射】【点光漫射】【点光 IES 配置文件】与【自发光】。

拖拽一种光源材质到一个对象上时，KeyShot 将添加一个灯泡图标来确定光源。

1）【区域光漫射】材质。【区域光漫射】材质可以将任何物体变成一个光源，其设置面板及相应效果示例如图 5-60 所示。

【色彩】：用于设置光的颜色。

【电源】：以【瓦】或【流明】为单位来控制光的强度。

【应用到几何图形前面】：勾选此项，可将光源应用到几何体的前面。

【应用到几何图形背面】：勾选此项，将光源应用到几何体的背面。

【相机可见】：用于切换在相机中是否显示光源。

【反射可见】：用于切换材质反射中是否显示光源。

【阴影中可见】：用于切换光源是否产生投影。

【采样值】：用于控制渲染中使用的样本量。

2）【点光漫射】材质。【点光漫射】材质可把任何物体变成一个点光源，查看并调整实时窗口中的位置，强度控制可以使用功率（瓦）或流明作为单位，设置面板及相应效果示例如图 5-61 所示。

图 5-60　【区域光漫射】材质设置面板及相应效果示例　　图 5-61　【点光漫射】材质设置面板及相应效果示例

【色彩】：用于设置灯光的颜色。

【电源】：用于控制灯光的强度，单位设置为【瓦特】或【流明】。

【半径】：用于调整点光源的大小与衰减。

3）【点光 IES 配置文件】材质。单击【设置面板】中文件夹图标，加载一个 IES 文件，在材质预览中即可以看到灯光剖面形状，物体在实时窗口中以网格显示。通过调整位置与角度来改变灯光效果，该材质设置面板及相应效果示例如图 5-62 所示。

【文件】：用于显示名称和 IES 文件的定位，单击文件夹图标可更改 IES 文件。

【色彩】：用于控制灯光的颜色，可使用欧凯文量表选择正确的照明温度。

【倍增器】：用于调整光的强度。

【半径】：用于调整控制光的阴影衰减。

4. 贴图和标签

（1）KeyShot 贴图通道　在渲染物体的时候，贴图常常是不可缺少的部分，可以通过贴图操作来模拟物体表面的纹理效果，添加细节，如木纹、网格、皮革、布艺、瓷

图 5-62　【点光 IES 配置文件】材质设置面板及相应效果示例

砖、墙面、金属拉丝、冲孔以及塑料表面的凹凸状磨砂颗粒效果等。

三维图像渲染中，通过在【材质】对话框的【纹理】选项卡添加贴图，如图 5-63 所示。KeyShot 渲染器主要提供了四种贴图模式，分别为【漫反射】【高光】【凹凸】和【不透明】。

1)【漫反射】通道。该通道可以用图像来代替漫反射的颜色，用真实照片来创建逼真的数字模型材质效果。【漫反射】通道支持常见的图像格式。图 5-64 所示为通过【漫反射】通道模拟木材表面的效果。

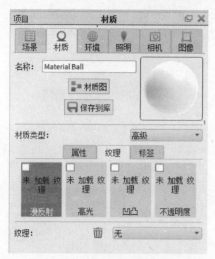

图 5-63　【纹理】选项卡

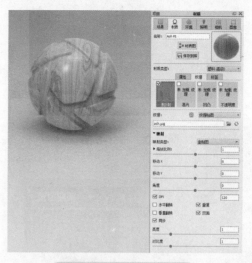

图 5-64　【漫反射】通道

选择【库】→【纹理库】中的贴图，也可以自己绘制相关贴图，直接拖到产品零部件上即可，在自动弹出的【纹理贴图类型】窗口中选择【漫反射】模式。

【映射类型】：详见"贴图和标签"→"映射类型"小节的内容。

【缩放比例】：调整漫反射图片的纹理大小，可以单独调节 X 轴和 Y 轴的比例，也可以同步调节。

【移动 X】：将纹理在 X 方向上移动一定距离。

【移动 Y】：将纹理在 Y 方向上移动一定距离。

【角度】：将纹理旋转一定角度。

【重复】：有时一张纹理图片无法覆盖整个部件，需要勾选【重复】选项，此时纹理图会重复出现，直至覆盖所选择的部件表面为止。

【双面】：用于设置是否对所选部件的双面均赋予材质。

2)【高光】通道。【高光】通道可以使用贴图中的黑色和白色表示不同区域的镜面反射强度，如图 5-65 所示，黑色不会显示镜面反射，而白色会显示 100% 的镜面反射。该通道可以使材质表面镜面区域的效果更细腻。

3)【凹凸】通道。材质真实表面有凹凸状细小颗粒的材质效果，可以通过这个通道来实现，这些材质细节在建模中不容易实现或无法实现，像拇指材料、锤击镀铬、拉丝镍、皮革表面的凹凸质感等，如图 5-66 所示。

创建凹凸映射的方法有两种：第一种方法是采用黑白图像，这是最简单的方法；第二种方法是通过法线贴图。

黑白图像：黑白图像中的黑色表示凹陷区域，白色表示凸起区域，如图 5-67a 所示。

法线贴图：法线贴图比黑白图像包含更多的颜色，这些额外的颜色代表不同的 X、Y、Z 坐标扭曲强度，能比黑白图像创建更复杂的凹凸效果。即使不用法线贴图，黑白图像也能创建非常逼真的凹凸效果，如图 5-67b 所示。因此在遇到问题时，需要根据实际情况进行选择。

4)【不透明度】通道。【不透明度】通道可以使用黑白图像或带有 Alpha 通道的图像来使材质的某些区域透明，特别有助于创建网状材质，无须实际构建网洞，如图 5-68 所示。

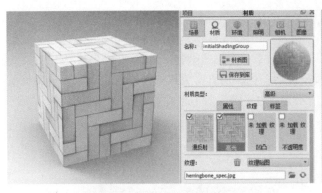

图 5-65 【高光】通道

图 5-66 【凹凸】通道

a) 黑白图像   b) 法线贴图

图 5-67 黑白图像与法线贴图

图 5-68 【不透明度】通道

通过图像中颜色的亮度值来表示透明度，一般采用黑白图像。白色区域表示完全不透明，黑色区域表示完全透明，50% 灰色表示透明度为 50%。

（2）映射类型 如何将二维图像放置到三维空间中是所有三维建模都必须解决的问题，例如，是从顶部、底部还是从侧面放置。如图 5-69 所示右下角的下拉列表中展示了所有 KeyShot 映射类型。

1)【平面 X】→【平面 Y】→【平面 Z】。选择该模式，可只通过三个单向轴向 X 轴、Y 轴、Z 轴来投射纹理，不面向设定轴向的三维模型表面纹理将像图 5-70 所示的图像一样伸展。

当模式设置为【平面 X】→【平面 Y】→【平面 Z】时，只有面向相应轴向的曲面才能显示原始图像，其他曲面上的贴图会被延长拉伸以包裹三维空间。

图 5-69 映射类型

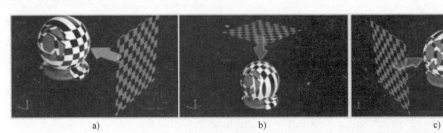

a)   b)   c)

图 5-70 【平面 X】→【平面 Y】→【平面 Z】映射方式效果

2）【盒贴图】。【盒贴图】展示的是 2D 图像从立方体的六个面映射到 3D 模型上，纹理将从立方体的一面投射，直到拉伸出现，接着下一个更优投射面继续取而代之，如图 5-71 所示。大多数情况下，【盒贴图】是一种快速、简单、有效的解决方案，因为此时纹理呈现的拉伸最小。

3）【球形】。【球形】贴图展示的是 2D 图像从球体内部映射到 3D 模型上，生成的纹理更接近原始图像，纹理会随其延伸到球体的两极而开始收缩，在顶点和底点中会有图片收缩的效果，如图 5-72 所示。

图 5-71 【盒贴图】映射方式效果

图 5-72 【球形】映射方式效果

4）【圆柱形】。【圆柱形】贴图展示的是 2D 图像从圆柱体内部映射到 3D 模型上，生成的纹理将给面朝圆柱体内部的表面投射更好的效果，不面向圆柱体内壁的表面纹理将向内拉伸，如图 5-73 所示。

5）【UV 坐标】。【UV 坐标】是应用 2D 纹理到 3D 模型的完全不同的方式，使用 3D 应用软件，如 3D Studio Max 或者 Maya，可以自己设计纹理贴图并应用到每个表面，用于设计工程领域时比较费时，因此主要应用于娱乐行业。

相比于上述自动映射方式，【UV 坐标】是完全自定义的贴图方式，效果如图 5-74 所示。

图 5-73 【圆柱形】映射方式效果

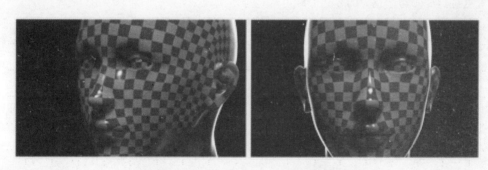

图 5-74 【UV 坐标】映射方式效果

把模型摊平为 2D 图像的过程称为【展开 UV】，例如，世界地图的贴图就是这样的过程。

（3）【标签】对话框 【标签】对话框专门用来在 3D 模型上自由、方便地放置标志、贴纸或图像对象。图 5-75 所示为【标签】对话框，支持常见的图像格式，如 JPG、TIFF、TGA、PNG、EXR 及 HDR。

标签没有数量限制，每个标签都有它自己的映射类型。如果一个图像内带 Alpha 通道，该图像中的透明区域将不可见。图 5-76 所示图片使用的是透明 PNG 图像，图像周围的透明区域不显示。

1）【添加标签】。单击【添加标签】图标，并将标签加入标签列表，加入标签的名称会显示在标签列表中。当加载标签图像后，会自动增加【标签类型】选项栏，可以编辑【标签属性】与【标签纹理】等选项。

2）【标签属性】对话框。图 5-77 所示为【标签属性】对话框。【高光】参数主要控制在标签上也出现镜面反射，颜色设置为黑色时，标签上没有反射效果；设置为白色时，会有很强的反射。该参数也可以使用彩色，但真实的效果应该是介于黑色与白色之间。

图 5-75 【标签】对话框

图 5-76 PNG 标签效果

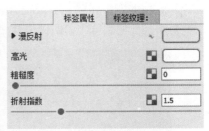

图 5-77 【标签属性】对话框

【折射指数】虽然是最常用的与透明度有关的属性，但这里的【折射指数】只能作用于标签，会影响标签的反射效果，需要将【高光】设置为黑色以外的颜色，增加其反射水平。

3）【映射类型】选项栏。【映射类型】标签中除了有与其他纹理相同的映射类型，还有一个【法线投影】类型，如图 5-78 所示，利用该功能可以以交互的方式将标签投射到曲面上，这也是该标签的默认模式。

【位置】：单击【位置】图标，在模型上移动标签，当标签处于需要的位置后单击【确定】图标，就会停止互动式定位标签。

【缩放比例】：拖拽滑块可以调整标签的大小，可以同时保持长宽比例，也可以对长和宽分别进行调整。

【移动 X】→【移动 Y】：拖拽【平移 X】或【平移 Y】滑块可以偏移标签的位置。

【角度】：拖拽【角度】滑块可以旋转标签，标签也可以垂直翻转、水平翻转、重复翻转等，勾选相应的复选框即可。

【深度】：该参数能控制标签通过材质的距离。例如，一种材质有两个表面，【深度】可以控制标签是出现在一个面上还是双面上。例

图 5-78 【法线投影】设置界面

如，图 5-79a 中的酒杯【深度】值大，所以背面也出现标签；图 5-79b 中的【深度】值小，另一面就没有投影上标签。

【双面】：该选项用于控制物体的背面是否显示标签。不勾选该选项，当把模型旋转至背面时，便看不到标签，如图 5-80 所示。

a)   b)

图 5-79 【深度】值对比示例

a)   b)

图 5-80 不勾选【双面】选项的正、背面效果

【亮度】：用于单独调整标签本身的亮度，如果一个场景的整体照明是好的，但某个标签出现过亮或过暗的情况，则可以通过【亮度】滑块来调整。

【对比度】：用于单独调整标签本身的对比度，如果一个场景的整体照明是好的，但某个标签的对比度不够，则可以通过【对比度】滑块来调整。

5.渲染设置

KeyShot 除了可以通过截屏来保存渲染好的图像，还可以通过执行【渲染】命令来输出渲染图像，图像的输出格式与质量可以通过【渲染】对话框中的参数来设置。【渲染】对话框如图 5-81 所示。

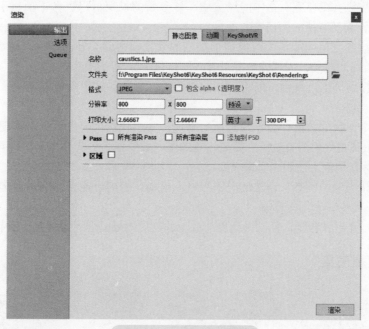

图 5-81 【渲染】对话框

（1）【输出】对话框　这个对话框内的选项用于设置输出图像的名称、路径、格式和大小等，这些参数都比较简单，这里不做赘述。

（2）【选项】对话框　这个对话框内的选项用于设定输出图像的渲染质量，如图 5-82 所示。

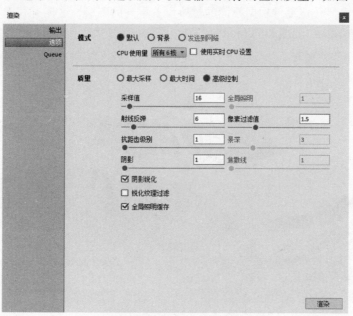

图 5-82 【选项】对话框

KeyShot 提供了【最大采样】【最大时间】和【高级控制】三种质量控制方式。其中，【高级控制】相关选项的参数说明如下。

【采样值】：用于控制图像每个像素的采样数量。在大场景的渲染中，模型的自身反射与光线折射的强度或者质量都需要较大的采样数量，较大的采样数量设置可以与较高的抗锯齿设置配合。

【全局照明】：提高这个参数的值可以获得更加细腻的照明设置和小细节的光线处理。一般情况下，无须调整该参数，如果需要在阴影和光线的效果上做处理，可以考虑改变这个参数。

【射线反弹】：该参数用于控制光线在每个物体上反射的次数。对于透明材质，适当的光线反射次数是得到正确渲染效果的基础。在有透明物体的场景中，该参数的设定可以参考【项目】→【照明】对话框中【射线反弹】的数值，设为其数值的两倍左右即可。

【像素过滤值】：该参数的功能是为图像增加模糊的效果，得到柔和的图像，建议使用 1.5~1.8 的参数设置。但在渲染珠宝首饰的时候，大部分情况下有必要将该参数值降低到 1~1.2。

【抗锯齿级别】：提高抗锯齿级别可以将物体的锯齿边缘细化，这个参数值越大，物体的抗锯齿质量就越高。

【景深】：增大这个参数的数值，会导致画面上出现一些小颗粒状的像素点以体现景深效果。一般将参数值设置为 3 就足以得到很好的渲染效果。需要注意的是，数值变大将会增加渲染时间。

【阴影】：控制物体在地面上的阴影质量。

【阴影锐化】：默认为勾选状态，通常情况下尽量不改动，否则可能会影响画面中小细节处阴影的锐利程度。

【锐化纹理过滤】：开启该功能，可以得到更加清晰的纹理效果，但通常情况下没有必要开启该选项。

5.1.2 汽车模型渲染

微课视频直通车 16：
　　使用 KeyShot 渲染汽车模型的过程

本节以汽车模型渲染为例，对 KeyShot 6.0 渲染器的工作流程进行详细介绍。

1. 导入 3D 模型

对所构建模型的每个零体或部件根据不同的材质设置不同的图层，这样有利于导入 KeyShot 中进行渲染。将汽车模型导入 KeyShot，如图 5-83 所示。

图 5-83　将汽车模型导入 KeyShot

2. 给模型赋材质

单击【材质】选项，或按下快捷键〈M〉，打开材质库。将某一材质直接拖到某个模型上，就可以把这种材质赋给某个模型。双击模型，即可修改其材质属性。

此处渲染所使用的材质，是为了使视觉效果逼真而进行选择的，未必与现实中汽车部件的真实材质一致，特此说明。

（1）车身　在【材质】对话框中打开【金属】类型，从中选择相应的材质，并将拖到想要赋材质的面上。也可以将鼠标放在模型上单击右键，出现编辑材质选项，再单击则出现【材质】对话框；或者直接双击需要赋材质的部件，对材质属性参数进行调节，如图 5-84 所示。这里将车身设置为【金属漆】材质，以得到更加逼真的效果。

调整【属性】中的【基色】和【金属颜色】，让其比较接近，而【金属颜色】更亮一些。同时，调节下方的参数，对照软件中间页面的实时展示，得到满意的效果。

图 5-84　设置车身材质

（2）风窗玻璃　双击风窗玻璃部分，对其赋予【玻璃】材质。调整【颜色】参数，选择浅一些的灰色，使玻璃的透明效果更明显；玻璃的折射指数一般是 1.5，无须改变；不勾选【双面】，如图 5-85 所示。

图 5-85　设置风窗玻璃材质

（3）轮毂　双击轮毂部分，对其赋予【金属】材质。调整【颜色】参数，根据自己的需要，选择合适的颜色，这里选择了亮灰色；设置一定的【粗糙度】值，使其看起来有一定的颗粒感，较为真实，如图 5-86 所示。

（4）轮胎　双击轮胎部分，对其赋予【塑料（高级）】材质。调整【颜色】参数为黑色，【高光】参数为白色；设置一定的【粗糙度】值，使其看起来有一定的颗粒感，较为真实；其他数值保持默认设置，如图 5-87 所示。

（5）车下挡板、车底　双击此部分，对其赋予【塑料（高级）】材质。调整【颜色】参数为黑色，【高光】参数为深灰色；设置一定的【粗糙度】值，使其看起来有一定的颗粒感，较为真实；其他数值保持默认设置，如图 5-88 所示。

图 5-86 设置轮毂材质

图 5-87 设置轮胎材质

图 5-88 设置车下挡板和车底材质

（6）保险杠 双击保险杠部分，对其赋予【金属】材质。调整【颜色】参数为浅灰色，设置一定的【粗糙度】值，如图 5-89 所示。

（7）车头格栅和车盖格栅 双击车头格栅部分，对其赋予【金属】材质。调整【颜色】参数为浅灰色，设置一定的【粗糙度】值，如图 5-90 所示。

在车头格栅部分右击，选择【复制材质】；然后在车盖格栅部分右击，选择【粘贴材质】。这样两部分的材质就关联起来，修改其中一个材质的时候，另一个也会随之变动。

（8）雾灯 双击雾灯部分，对其赋予【玻璃】材质。调整【颜色】参数为橙黄色；玻璃的折射指数一般是 1.5，无须改变；勾选【双面】，如图 5-91 所示。

图 5-89　设置保险杠材质

图 5-90　设置车头格栅和车盖格栅材质

图 5-91　设置雾灯材质

（9）进气格栅　由于汽车的外表面部分基本都赋予了材质，将其隐藏，对被遮挡的部分继续赋予材质。

双击进气格栅部分，对其赋予【塑料（高级）】材质。调整【颜色】参数为黑色，【高光】参数为深灰色；设置一定的【粗糙度】值，使其看起来有一定的颗粒感，较为真实；其他数值保持默认设置，如图 5-92 所示。

由于在建模时已经在模型上构建了网孔，因此渲染阶段无须再处理不透明度。

（10）轮毂内环　双击轮毂内环部分，对其赋予【金属】材质。调整【颜色】参数为黑色，【粗糙度】值可设置为 0 或较小数值，如图 5-93 所示。

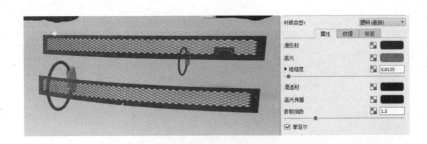

图 5-92　设置进气格栅材质

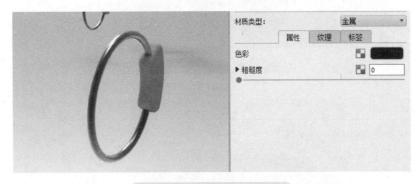

图 5-93　设置轮毂内环材质

（11）制动片　双击制动片部分，对其赋予【金属】材质。调整【颜色】参数为黑色，【粗糙度】值设置为 1，如图 5-94 所示。

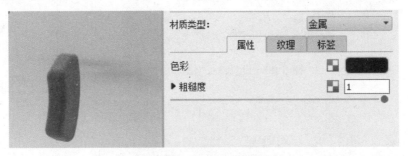

图 5-94　设置制动片材质

（12）前照灯

1）对前照灯底部赋予【金属】材质，如图 5-95 所示。

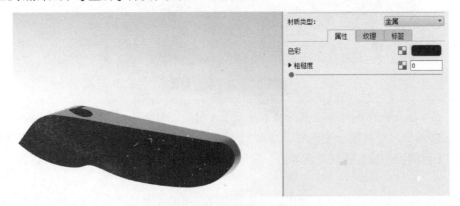

图 5-95　设置前照灯底部材质

2）对前照灯玻璃赋予【玻璃】材质，如图 5-96 所示。

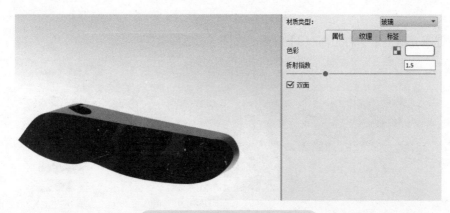

图 4-96　设置前照灯玻璃材质

3）隐藏玻璃和底部，以便进行后续操作。对前照灯侧灯赋予【玻璃】材质，如图 5-97 所示。

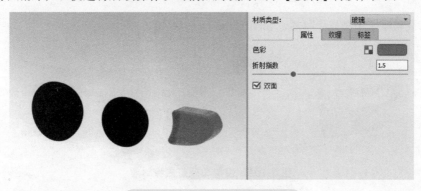

图 5-97　设置前照灯侧灯材质

4）对前照灯灯壳赋予【玻璃】材质，如图 5-98 所示。

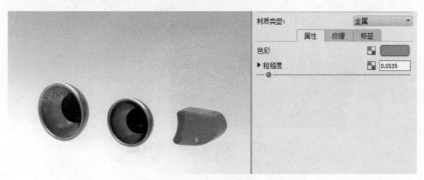

图 5-98　设置前照灯灯壳材质

5）对前照灯灯泡赋予【玻璃】材质，如图 5-99 所示。

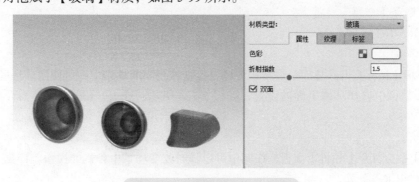

图 5-99　设置前照灯灯泡材质

（13）车尾灯

1）对车尾灯罩壳赋予【塑料（高级）】材质，如图 5-100 所示。

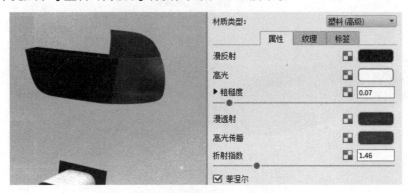

图 5-100　设置车尾灯罩壳材质

2）对车尾灯底板赋予【金属】材质，如图 5-101 所示。

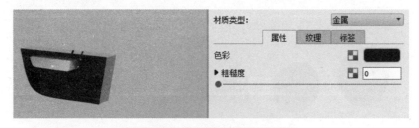

图 5-101　设置车尾灯底板材质

3）对车尾灯的灯泡赋予【玻璃】材质，如图 5-102 所示。

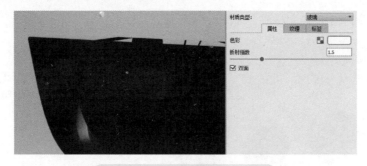

图 5-102　设置车尾灯灯泡材质

（14）其他

1）对后视镜赋予【玻璃】材质。

2）对刮水器、风窗玻璃嵌条、车窗边框嵌条赋予【塑料（高级）】材质。

3）对排气管赋予【金属】材质。

整体效果如图 5-103 所示。

3. 设置光照环境

1）单击【环境】图标打开环境库，将某一环境直接拖拽到当前场景中即可使用该环境。

2）在右侧参数栏中选择环境里面的设置，如图 5-104 所示。详见"KeyShot 界面介绍"→"项目"→"环境"小节。

4. 调整摄像机

单击【项目】图标打开【相机】面板，在其中可以随时改变场景中相机的视角。详见"KeyShot 界面介绍"→"项目"→"相机"小节。

图 5-103　整体效果

图 5-104　光照环境设置

对模型整体进行角度和环境的调整后，再进行渲染，调整后的效果如图 5-105 所示。

图 5-105　角度和环境的调整

5. 渲染导出图像

全部设置完成后，单击【渲染】图标，弹出【输出】面板，对渲染文件的保存路径、分辨率和打印大小进行调节，如图 5-106 所示，完成后单击【渲染】图标。

图 5-106　渲染导出图像

5.2 三维模型动画制作

5.2.1 动画制作基本操作方法

在 Siemens NX 中一般可以通过以下三种方式进行动画制作：

1）【装配序列（Sequence）】是 NX 中【装配（Assemblies）】模块中的命令，使用该命令可实现对产品中零部件装配和拆卸的仿真模拟与运动仿真，以检验装配体中各零部件装配工艺过程的合理性。

2）【参数化建模】是 NX 的核心技术之一，参数化建模也称为【尺寸驱动】，在建模过程中，给定零件几何尺寸、位置参数等关联数据，即可实现产品的系列化设计，同时可以赋予时间变量，还可以完成动画功能。

3）应用 NX 中的【运动仿真（Motion Simulation）】模块可以建立运动机构模型，分析其运动规律，通过运动仿真来模拟和评估机械系统，包括：机构干涉分析，零件运动轨迹跟踪，分析机构中零件的速度、加速度、作用力、反作用力和力矩等，达到验证运动机构设计的合理性和优化设计的目的。

由于【装配序列（Sequence）】的方式简单、易用和快捷，同时能满足用户在机构设计中对装配体干涉检查、拆装模拟和运动仿真的基本要求，因此下面将详细介绍应用 NX 中的【装配序列（Sequence）】命令完成动画制作的方法。

5.2.2 应用【装配序列（Sequence）】制作动画的操作方法

1. 一般工作流程

应用【装配序列（Sequence）】命令制作动画的一般工作流程如图 5-107 所示。

图 5-107　应用装配序列制作动画的一般工作流程

2. 应用【装配序列（Sequence）】命令制作动画的一般步骤

（1）模型准备

1）前期应用 NX 的【装配】模块创建模型的装配体。装配体中的各个组件无须设定约束条件，但它们应处于正确的装配位置，如图 5-108 所示。

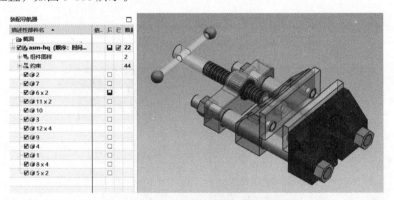

图 5-108　装配体模型准备示例

2）【装配序列（Sequence）】主要用来对装配体中各个组件进行安装和拆卸的模拟仿真，因此应根据逻辑性和合理性规划好各个组件的安装（或拆卸）顺序，以及合适的观察视角，即后期制作动画时需要捕捉的视图方位和比例。

3）如果装配体模型中的组件已经指定了【装配约束】，需要对【约束】进行临时【抑制】处理。

4）可根据需要对部分组件进行透明度处理，以便后续得到更好的动画演示效果。

（2）创建【装配序列（Sequence）】：

1）进入【装配序列（Sequence）】任务环境。

2）【新建】序列。

3）【插入运动】，并按需要在适当位置添加【记录摄像位置】。

4）利用【装配序列导航器】对【组件】是否参与序列进行设定，对组件的【运动步骤】进行包括删除、复制、调整顺序以及运动时间设定等编辑。

（3）导出序列成为动画　在【装配序列（Sequence）】任务环境中，应用【菜单】→【工具】→【导出至电影】命令将【序列】导出为 AVI 格式的动画（电影），即完成动画的制作。

微课视频直通车 17：

　　应用【装配序列（Sequence）】命令制作动画的过程

小结

建模完成后，通常需要将模型用渲染软件渲染成更逼真的效果图进行展示。

本项目主要介绍了渲染软件 KeyShot 的工作界面、使用流程以及材质参数选项的含义，并通过一个实例进行了演示。渲染的重点是材质参数的设置以及灯光环境的调节，这需要用户对材质的类型与特征有所了解，并通过大量练习来积累经验。同时，收集和积累好的材质库与纹理素材库，可以大大提高作图效率。

应用 NX【装配序列（Sequence）】工具可以模拟装配组件的装配和拆卸顺序，仿真组件的运动。创建【装配序列（Sequence）】的主要步骤为：按拆卸顺序从装配体中通过【拆入运动】控制组件的运动路径，并合理设定视图方位和比例，序列创建完成后通过【导出至电影】命令完成动画制作。

课后练习与思考

1. 三维模型渲染的原理是什么？

2. 三维模型渲染的流程是什么？

3. 利用手中现有的模型文件，使用 KeyShot 渲染软件进行渲染并输出。

4. 应用 NX【装配序列（Sequence）】制作动画的一般工作流程是什么？

5. 创建【装配序列（Sequence）】时需要注意哪些问题？

6. 利用手中现有的模型，完成动画制作。

课后拓展

1. 剃须刀三维模型渲染的设置过程。

2. 相机三维模型渲染的设置过程。

素养园地

软件的学习要求学习者做到细心、协作、沟通、具有进取精神，由于新技术的不断涌现，还应该有较强的自学能力与知识更新能力，只有掌握最新的知识和技能，才能不被时代所淘汰。软件是设计人员实现设计构想的工具，设计人员必须掌握软件的使用方法，并且要有主动发现问题、查找问题、分析问题与解决问题的能力，具有成本意识，效率意识；同时要具有全局、架构的概念。另外，设计工作并不是一个人能够全盘完成的，需要团队的合作来实现，因此作为一名设计人员，要具备良好的团队意识和合作能力。

在 Rhino 中构建模型时，需要使用图层对模型对象进行有效的管理，将所建好模型的每个零件或者部件根据不同的材质设置不同的图层，这样有利于导入 KeyShot 中进行渲染。做其他事情也是一样，把每个步骤都按部就班地准备齐全，在后续进行其他步骤时就不会手忙脚乱。例如，如果建模时没有进行分层，那么渲染的时候就需要一个一个地找到相同材质的部件，进行材质的调整；而在建模时若直接分好层，则渲染时直接分层赋予材质即可。

项目 **6**

三维数字化检测

学习目标

> ### 知识目标：

1）了解手持式激光扫描仪的工作原理。

2）了解手持式激光扫描仪的硬件结构及其功能。

3）了解三维数字化检测的方法。

4）了解 Geomagic Control X 软件的数据导入与对齐方式。

> ### 技能目标：

1）能够完成扫描设备的连接。

2）能够使用扫描软件和设备完成数据采集。

3）能够利用软件完成三维测量数据的处理。

4）能够完成测量数据与参考数据的对齐。

5）能够完成指定参数的检测工作。

6）能够根据检测结果生成符合要求的检测报告。

> ### 素养目标：

1）具有自主学习、分析问题、解决问题的能力。

2）培养严谨认真的学习态度和精益求精的工匠精神。

考核要求

完成本项目学习内容，能够掌握手持式激光扫描仪的整个扫描流程，包含扫描前的工件预处理、扫描参数设置、扫描后的数据处理等；掌握 Geomagic Control X 对测量数据与参考数据的对齐方法。

6.1 获取检测数据

6.1.1 检测设备硬件结构介绍

检测设备——手持式激光三维扫描仪通常包括激光发射器、两个（或以上）工业相机、用于进行三维数字图像处理的计算单元，以及用于标定上述设备的标定板和标记点等附件，如图 6-1 所示。工业相机基于机器视觉原理获得物体的三维数据，利用标记点信息进行数据自动拼接，实现基础的三维扫描和测量功能。手持式激光三维扫描仪携带方便、使用自由，具有很强的实用性。

图 6-1 手持式激光三维扫描仪

（1）按键功能

1）视窗放大 / 缩小键：调整视窗的大小，便于查看扫描数据是否完整。

2）扫描开关键：按一下打开或关闭扫描软件，按两下切换激光线模式（仅对于有两种激光模式的设备型号）。

（2）使用说明 手持式激光三维扫描仪是一种利用双目视觉原理来获得空间三维点云的仪器，工作时借助贴在被扫描工件表面的反光标记点来定位，通过激光发射器发射激光，照射在被扫描工件表面，由两个经过厂家校准的工业相机来捕捉反射回来的光，经计算得到工件的外形数据。

扫描仪的两个工业相机之间存在一定的角度，两个相机的视野相交形成一个公共视野。在扫描过程中，要保证公共视野内存在四个以上定位标记点，同时满足被扫描表面在相机的公共焦距范围内。扫描仪的公共焦距称为基准距，公共焦距范围称为景深。该设备的基准距为 300mm，景深为 250mm，分布区域为 −100 ～ 150mm，所以扫描仪工作时与被扫描表面的距离为 200 ～ 450mm。距离参数在软件中显示为颜色浮标，如图 6-2 所示。

6.1.2 设备连接步骤与设备标定

设备的连接包括将电源连接到扫描仪和将扫描仪连接到计算机两步操作。连接线包括电源适配器连接线及电源数据线缆。电源适配器为扫描仪提供电源。电源数据线缆有三个接口，分别连接计算机、电源适配器和扫描仪端，具体连接方式如图 6-3 所示。

1）将电源适配器的三孔电源线插头连接到电源接口。

2）将电源适配器端口接入电源数据线缆两芯金属接口中。

3）将电源数据线缆 RJ45 接口插入计算机主机网口中。

4）检查以上步骤是否正确，将六芯接插口接入设备对应的接口（连接时，应注意使线缆接口处箭头指示方向保持一致，否则可能会损坏接口）。

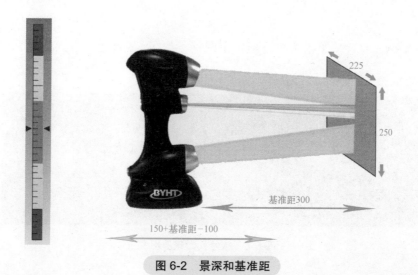

图 6-2　景深和基准距

微课视频直通车 18：
扫描仪设备连接

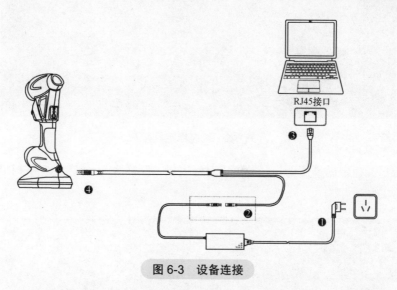

图 6-3　设备连接

　　将手持式扫描仪连接好后，需要进行设备预热，连接完成后放置不动即可，预热时间为 5 ～ 10min。使用设备配套标定板，对设备进行快速标定，标定时使标定板外部文字方向正对使用者，如图 6-4 所示。

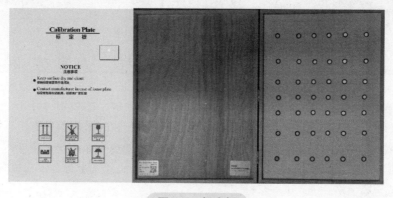

图 6-4　标定板

标定流程如下：

1）打开 Scan Viewer 软件，单击【快速标定】图标，如图 6-5 所示。进入快速标定界面，如图 6-6 所示。

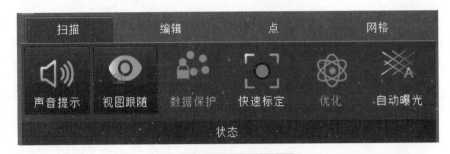

图 6-5　软件初始化界面

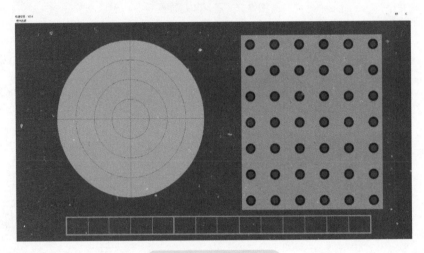

图 6-6　快速标定界面

2）将标定板放置在稳定的平面上，扫描仪正对标定板，距离为 30cm，按一下扫描仪开关键，发出激光束，如图 6-7 所示。

图 6-7　扫描仪标定

3）控制扫描仪角度，调整扫描仪与标定板之间的距离，使左侧的圆阴影重合，右侧的梯形阴影重合，如图 6-8 所示。在保证左侧圆阴影基本重合的状态下，扫描仪所处水平面不改变角度时，水平移动扫描仪，使右侧的梯形阴影重合。然后调整扫描仪与标定板之间的距离，使其大小符合，扫描仪匀速向上提升，使下方绿色标定格完成至第十格，进入下一步标定。

4）右侧 30°标定。如图 6-9 所示，将扫描仪向右倾斜 30°，激光束保持处于第三行与第四行标记点之间，使阴影重合，进入下一步标定。

5）左侧 30°标定。如图 6-10 所示，将扫描仪向左倾斜 30°，激光束保持处于第三行与第四行标记点之间，使阴影重合，进入下一步标定。

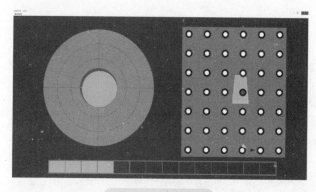

图 6-8 阴影重合

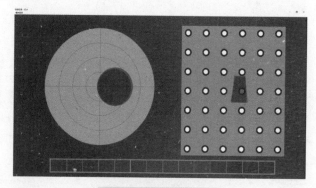

图 6-9 右侧 30°标定

6）上侧 30°标定。如图 6-11 所示，将扫描仪向上倾斜 30°，激光束保持处于第三行与第四行标记点之间，使阴影重合，进入下一步标定。

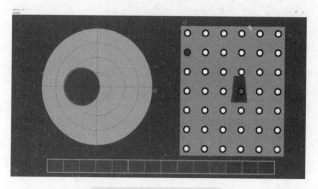

图 6-10 左侧 30°标定

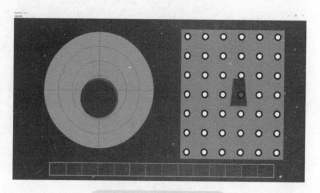

图 6-11 上侧 30°标定

7）下侧 30°标定。如图 6-12 所示，将扫描仪向下倾斜 30°，激光束保持处于第三行与第四行标记点之间，使阴影重合，进入下一步标定。

8）完成标定后如图 6-13 所示。单击右上角的 ✖ 关闭标定窗口。

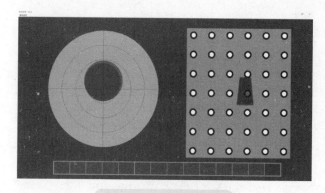

图 6-12 下侧 30°标定

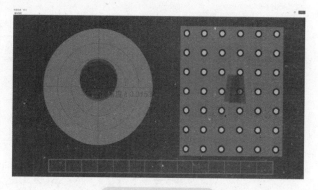

图 6-13 完成标定

标定过程中，共有三个限制因素——扫描仪角度、相机视野中心位置以及扫描仪与标定板之间的距离，分别通过左侧的圆、右侧的梯形和图形的大小控制。灰色的图形是标准要求，淡紫色的图形是扫描仪所处状态。标定操作时，只要将淡紫色的图形尽量对准灰色标准图像即可。

微课视频直通车 19：
扫描仪的标定

6.1.3 软件功能介绍

1. 软件操作界面

Scan Viewer 软件操作界面如图 6-14 所示，主要分为快速菜单栏、应用菜单栏、工具栏、扫描控制面板、状态栏和三维查看器几部分。快速菜单栏包括新建、重置、打开、保存、新增等命令图标；应用菜单栏主要有扫描、探测、编辑、点、网格、特征、对齐、分析、其他等命令图标；扫描控制面板包含【扫描控制】（开始/停止）和【扫描设置】选项组，状态栏显示现在软件所处的状态以及数据统计，三维查看器显示扫描数据情况。

图 6-14　Scan Viewer 软件操作界面

2. 软件图标功能

（1）快速菜单栏　快速菜单栏包括新建、重置、打开、保存、新增等命令图标，具体功能说明见表 6-1。

表 6-1　快速菜单栏

快速菜单栏	图标显示	功能说明
新建		清空所有数据，新建一个空的视图对象。单击【新建】图标时，弹出【是否清空数据】对话框进行确认操作
重置		可在保留扫描参数的情况下，清除当前的点云与标记点数据（或只清空标记点数据）
打开		打开扫描数据，将一个文件加载到视图对象中。工程文件：PJ3、PJS 格式；标记点文件：MK2、UMK、ASC、IGS、TXT、REFXML 等格式；激光点文件：ASC、IGS、TXT 等格式；网格文件：STL、PLY、OBJ 格式；数模文件：STP、STEP 格式
保存		保存相应文件，文件格式同上。另外，可将网格文件保存为 PLY 格式
新增		增加一个扫描对象

（2）【扫描】工具栏　【扫描】工具栏主要由状态栏、精扫栏、视图栏和背景标记点部分组成，具体功能说明见表 6-2。

表 6-2　【扫描】工具栏

工具栏	图标显示	功能说明
状态栏	声音提示	开启 / 关闭扫描仪扫描过程中的蜂鸣器提示音。扫描标记点及激光点时，距离太近或太远，扫描仪会发出提示音，启动软件默认声音打开，单击可关闭提示音
	视图跟随	开启【视图跟随】，三维显示区域实时展示当前正在扫描区域； 关闭【视图跟随】，三维显示区域以固定角度展示被扫描工件，用户可对视图进行操控
	数据保护	【数据保护】开启时，用户选择工程数据的某一部分，将对其进行数据保护，后续所有的删除与选择操作均对被保护的数据无效
	快速标定	对设备参数进行校准
	优化	在进行标记点多角度扫描后，单击【优化】，优化成功即可提高标记点的精度。注意： 1）已完成的扫描数据，重新打开后不能进行标记点优化 2）优化需要从各个角度充分扫描标记点后才可以进行，可使用智能标记点进行查看 3）标记点扫描完成单击【停止】后立即优化，此时不能单击【开始】，否则优化将无法进行
	自动曝光	可将扫描物体所需的激光曝光时间自动调节至最合适的值
精扫栏	精扫	允许用户在扫描过程中对细节特征进行精细扫描，即扫描物体表面并且不需要细节特征的区域时，采用普通扫描模式；扫描细节特征时，则采用精扫模式 精扫模式在保持大型工件细节特征的同时，可有效减少扫描的数据量。精扫等级分无、低、中、高四种，等级越高，数据精细度越高 注意：该功能只能在暂停或停止状态下使用
	选择	选择需要精扫的区域
视图栏	放大　缩小　最佳视图	可对视图进行放大、缩小以及最佳视图操作，只能在扫描过程中使用
背景标记点	设置　清空　删除	可生成背景平面，防止用户在扫描过程中扫描到与工件无关的背景数据

（3）【编辑】工具栏　【编辑】工具栏主要由选择工具、选择栏、编辑栏和视图栏部分组成，具体功能说明见表 6-3。

表 6-3　【编辑】工具栏

工具栏	图标显示	功能说明
选择工具	选择工具	【选择工具】包含矩形、套索、折线、画笔四种工具，用户可以根据实际需求进行选择。注意：按住〈Alt〉键 + 鼠标滚轮可放大 / 缩小画笔直径
选择栏	不选背面	用户在选择数据时将无法选中当前视图背面的数据
	选择贯通	用户在选择数据时只能选中可见部分的数据

（续）

工具栏	图标显示	功能说明
编辑栏	温度补偿	根据选择的材料与设置的温度，自动计算出补偿系数，并根据补偿系数进行数据补偿。可在【温度补偿】界面自行选择材料类型，如需自定义，可单击【新建】图标，输入材料名称及 CET（热膨胀系数）值
	撤消　重做　删除	【删除】：删除当前选中的数据 【撤销】：可回退至最近一次操作前的状态，只对【删除】【删除背景标记点】有效 【重做】：可以还原最近一次的【撤销】操作
	全部选择 全部不选 全部反选	【全部选择】：选中当前图层的所有数据 【全部不选】：对当前图层数据全部取消选择 【全部反选】：对当前选中数据进行全部反选
视图栏	校准原点	用户可以 0.1、1、10、100 为步长调整坐标系原点的平移或旋转参数，也可以直接输入参数值 注意：绕轴旋转的单位为°，调整顺序为先平移再旋转
	设置旋转中心	单击该图标后，单击需设置的点为旋转中心的模型位置，或者在需设为旋转中心的模型位置单击鼠标右键，然后选择【设置旋转中心】 注意：必须选中模型上的点进行设置
	重置旋转中心	单击该图标可重置旋转中心，或者在三维显示区域中单击鼠标右键，然后选择【重置旋转中心】 注意：该操作会对所有数据产生效果
	最佳视图	可将编辑时的三维查看区域中的数据以最佳位置显示

（4）【点】工具栏　【点】工具栏主要由对象、激光点、注册部分组成。激光点包括【网格化】【孤立点】【非连接项】【曲率采样】【连接项】等功能，注册包括【拼接】【合并】等功能，具体功能说明见表 6-4。

表 6-4 【点】工具栏

工具栏	图标显示	功能说明
对象	操作对象	表示此时可操作点的对象，蓝色图标表示操作对象为激光点，红色图标表示操作对象为标记点
激光点	网格化	将点云数据进行封装，使其变成面的形式。最后数据可保存为 STL 或 PLY、OBJ 文件格式。文件可用于 3D 打印及逆向设计等操作
	孤立点	可获取与其他多数点云距离超过一定阈值的点
	非连接项	可评估点云邻近性，划分点云区块，选中邻点数量较少的区块

（续）

工具栏	图标显示	功能说明
激光点	曲率采样	用减少非特征点、保留特征点的方式来减少数据量，并尽可能保留细节
	连接项	评估点云邻近性后，获得选中点的相邻区块 鼠标左键：选择数据；〈Ctrl〉+鼠标左键：取消选择数据
注册	拼接	激光点拼接方式
	合并	将两组数据通过坐标系进行拼接
	拼接	标记点拼接方式

（5）【网格】工具栏 【网格】工具栏包括【快速选择】【选中信息】【补洞】【简化】【流形】【细化】【去除特征】【去除钉状物】【锐化】【砂纸】等功能，具体功能说明见表6-5。

表6-5 【网格】工具栏

工具栏	图标显示	功能说明
网格	快速选择	快速选中曲率近似并邻接的三角面片，可以减少处理过程中的选择时间。通过快速选择选中的面可以更好地进行拟合特征操作
	选中信息	选中被测数据后，单击【选中信息】即可显示选中区域的面积和周长信息
	补洞	根据选中的孔洞信息，估计孔洞周围曲面的曲率，用三角面片填充孔洞，使网格数据更加完整
	简化	在保持网格细节特征的同时，减少网格数据量
	流形	快速删除零碎的三角面片，减少数据处理时间
	细化	细分每个三角面片，以提高网格数据的三角面片数量

（续）

工具栏	图标显示	功能说明
网格	去除特征	去除数据内多余的特征
	去除钉状物	检测并抹平三角网格上的单点尖峰
	锐化	对工件的锐利边缘进行检测，并强化边缘特征
	砂纸	利用交互式操作，使得操作部分网格更平滑

（6）【特征】工具栏　【特征】工具栏包括【圆】【椭圆槽】【矩形槽】【圆形槽】【点】【直线】【平面】【球体】【圆柱】【圆锥】等功能，具体功能说明见表6-6。

表6-6　【特征】工具栏

工具栏	图标显示	功能说明	工具栏	图标显示	功能说明
特征	圆	创建圆特征	特征	平面	创建平面特征
	椭圆槽	创建椭圆槽特征		球体	创建球体特征
	矩形槽	创建矩形槽特征		圆柱	创建圆柱特征
	圆形槽	创建圆形槽特征		圆锥	创建圆锥特征
	点	创建点特征		直线	创建直线特征

（7）【对齐】工具栏　【对齐】工具栏包括【最佳拟合对齐】【对齐到全局】【特征对齐】【N点对齐】【PLP对齐】【RPS对齐】等功能，具体功能说明见表6-7。

表6-7　【对齐】工具栏

工具栏	图标显示	功能说明
对齐	最佳拟合对齐	根据两组数据的表面特征，计算刚性变换参数，从而获得最佳匹配（对齐两组数据）
	对齐到全局	将一组数据对齐到全局坐标系

（续）

工具栏	图标显示	功能说明
对齐	特征对齐	利用构造出来的特征（如平面和圆柱），将两组数据统一到同一坐标系中
	N点对齐	一种交互式的预对齐方法。通过选取 N（$3 \leqslant N \leqslant 9$）组点对，计算刚性变换矩阵，将实际数据（一般为扫描数据）对齐到标准数据（一般为模型文件）坐标系
	PLP对齐	根据特征平面、直线、点将两组数据统一到同一坐标系，可以看成一种广义的特征对齐
	RPS对齐	根据参考点将两组数据统一到同一坐标系

（8）【分析】工具栏　【分析】工具栏主要由测量、比较、管件和 GD&T 部分组成。测量栏包括【距离】【角度】等功能，比较栏包括【截面】【3D 比较】【创建注释】【创建报告】等功能，GD&T 包括【圆度】【直线度】【平面度】【圆柱度】【球度】【平行度】【垂直度】【同轴度】等功能，具体功能说明见表 6-8。

表 6-8　【分析】工具栏

工具栏	图标显示	功能说明
测量	距离	测量特征之间的距离
	角度	测量特征之间（如直线与平面）的角度
比较	截面	创建点云、网格、CAD 数模的横截面。平面截取数模、网格获得截面线，平面截取扫描数据获得点云
	3D比较	生成一个用不同颜色表示的 Test 数据和 Reference 数据之间的偏差图
	创建注释	可查看 3D 比较结果的各个关注点的偏差信息
	创建报告	导出偏差信息，并创建相应报告
管件	管件检测	通过扫描仪获取表面点云数据，输入部分弯管约束信息后，自动计算得到相关弯管参数，可用于逆向设计和检测比较分析
GD&T	圆度	实际被测圆周与理想圆周的偏差
	直线度	实际被测直线与理想直线的偏差，分为平面线和空间线
	平面度	实际被测平面与理想平面的偏差

（续）

工具栏	图标显示	功能说明
GD&T	圆柱度	实际被测圆柱面与理想圆柱面的偏差
	球度	实际被测球面与理想球面的偏差。球度与圆度类似，可以看成是圆度在三维空间的扩展
	平行度	以平面为基准时，平行度公差带是距离为平行度公差值、平行于基准平面的两平行平面之间的区域
	垂直度	以直线为基准时，垂直度公差带是距离为垂直度公差值、垂直于基准直线的两平行平面之间的区域
	同轴度	同轴度公差带是直径为同轴度公差值、轴线与基准轴线重合的圆柱面内的区域

（9）【其他】工具栏　【其他】工具栏包括【关于】【环境检测】【扫描检测】【程序设置】【设备管理】等功能，具体功能说明见表6-9。

表6-9　【其他】工具栏

工具栏	图标显示	功能说明
其他	关于	单击【关于】按钮可显示软件版本号、模块版本号、许可证时间以及版权信息。若模块版本号显示【N/A】，则表示该模块未连接
	环境检测	显示及排查部分设备连接错误
	扫描检测	显示扫描仪的工作状态
	程序设置	软件使用语言的切换
	设备管理	可对软件进行设置：更新授权文件、更新授权文件夹、固件升级

3. 扫描控制面板

扫描控制面板包括【扫描】【数据】【显示】和【窗口】四部分，见表6-10和表6-11。

表6-10　扫描控制面板【扫描】区域参数说明

模块	图标	功能说明
扫描	解析度设置 0.50 mm	设置采集到的点云数据的疏密程度，不同的设备型号有不同的设置范围。解析度值越小，点云越密集，数据量越大，扫描速度越慢，零件细节越好；解析度值越大，点云越稀疏，数据量越小，扫描速度越快，零件细节越差
	激光曝光设置 1.0 ms	调整激光线亮暗的参数，数值越大，激光越亮，可识别越深颜色的零件

（续）

模块	图标	功能说明
扫描	扫描控制 激光面片　☑红光　☑蓝光 激光点 ·标记点　⊙开始　⊙暂停 ·智能标记点　⊙停止	【激光面片】和【激光点】可同时获得激光点和标记点数据：【激光面片】以面片的形式显示所扫描的激光点，【激光点】以点的形式显示所扫描的激光点 【标记点】和【智能标记点】可获得标记点数据，其中【智能标记点】扫出的标记点对象以颜色形式表示角度信息，便于判断是否满足进行优化的条件 【开始】【暂停】【停止】：控制扫描启停 【红光】【蓝光】：选择使用红光或蓝光进行扫描
	扫描设置 黑色物体 强光环境 高速扫描 边缘优化 特征优化 深孔模式	【黑色物体】：当扫描表面材质颜色较深或反光度较强时，选择【黑色】来获得更好的扫描效果 【强光环境】：当扫描仪在强光环境下工作时，选择【强光】来获得更好的扫描效果 【高速扫描】：固定使用 70 帧的帧率进行扫描 【边缘优化】【特征优化】：在软件停止时，优化零件特征处的数据，使零件特征区域更精细。注意：该功能不能与【精扫模式】同时使用 【深孔模式】：可使扫描孔直径与扫描孔深度的比例达到 1：2（非深孔模式的比例为 1：1.5）
	高级参数设置 标记点设置 标记点反光度　高反光▼ 标记点类型　普通标记点▼ 标记点延伸范围　3.0　mm 标记点半径设置 1.43 mm　6 mm　自定义　mm	【标记点反光度】：通过设置标记点的反光度来获得更好的扫描效果 【标记点类型】：该选项会间接影响标记点延伸范围，选择【磁性标记点】时范围更大 【标记点延伸范围】：该参数指在标记点半径的数值向外偏移指定距离的范围内，不会记录激光点
	专业参数设置 不新增标记点 狭长标记点 标记块	【不新增标记点】：勾选后不再出现新标记点 【狭长标记点】：勾选后可对贴成狭长形的标记点进行优化 【标记块】：勾选后可自动寻找并删除标记块所在的点云与标记点

表 6-11　扫描控制面板【显示】区域参数说明

模块	图标	功能说明
显示	常规设置 网格线 平面着色 ☑平滑着色	勾选【网格线】时，显示网格数据的网格线；勾选【平面着色】时，三角网格显示得更真实；勾选【平滑着色】时，三角网格显示得更平滑
	自定义模型 选择颜色 激光点颜色 正面　应用 背面　应用 恢复默认	用户可以更改点云及激光点正面、背面显示的颜色

4. 状态栏

状态栏主要展示三维显示区域中的软件快捷操作以及扫描过程中的数据状态和数据量。在三维显示区域内，快捷操作如下：

1）鼠标左键：选中数据。

2）〈Ctrl〉键 + 鼠标左键：取消选中数据。

3）鼠标中键：旋转扫描数据。

4）〈Alt〉键 + 鼠标中键：平移扫描数据。

5）鼠标滚轮：数据缩放。

6）数据状态：显示文件中扫描的激光点及标记点的数据量，如果选中某点，则显示选中点的数据量。

微课视频直通车 20：

Scan Viewer 软件操作界面简介

6.1.4　扫描操作步骤

1）快速标定。快速标定前，先将扫描仪接通电源并预热 5min 以上。建议每天使用前进行快速标定。

2）扫描标记点。注意控制贴标记点的间距，以及扫描标记点的过渡方法。

3）设置参数。根据不同类型的零件，设置点间距和曝光参数等。

4）扫描激光点。控制好扫描速度、扫描角度及扫描距离。

5）保存数据。根据需求保存相应的数据文件，如工程文件、标记点文件、激光点文件、网格文件。

6.1.5　快速入门案例

1. 扫描前的准备工作

（1）粘贴标记点　如图 6-15 和图 6-16 所示，将所有点随机贴在航空发动机叶片上，特征面积较大的部分使用 3mm 标记点，特征面积较小的部分使用 1.43mm 标记点；标记点之间的距离为 30 ～ 100mm，不宜超过 100mm；标记点须离开边缘 2mm 以上，以便进行后期数据修补处理；过渡面至少应有四个标记点，以便进行数据拼接。

图 6-15　正面粘贴标记点

图 6-16　背面粘贴标记点

（2）设备标定　在扫描之前，先对设备进行标定，以提高扫描数据质量和精度，如图 6-17 所示。

2. 数据扫描

由于航空发动机叶片使用了两种不同的标记点，扫描标记点前需要对扫描参数进行设置。如图 6-18 所示，在【扫描控制面板】→【扫描区域】→【高级参数设置】中勾选 1.43mm 和 3mm，然后单击【应用】按钮。

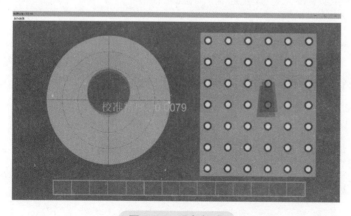

图 6-17　设备标定

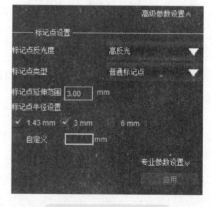

图 6-18　标记点设置

航空发动机叶片的扫描激光面片（点）需要进行扫描参数设置，包括扫描解析度（点间距）、曝光参数设置、扫描环境设置和扫描物体类型选择等。具体操作步骤如下：

（1）扫描参数设置　如图 6-19 所示，在【扫描控制面板】→【扫描区域】中设置，【解析度设置】为 0.500mm、【激光曝光设置】为 1.00ms。

（2）扫描标记点

1）如图 6-20 所示，在【扫描控制面板】→【扫描区域】→【扫描控制】中选择【标记点】，单击【开始】按钮，进行标记点扫描。

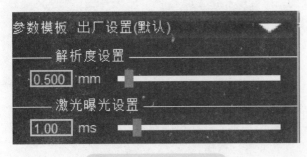

图 6-19 扫描参数设置

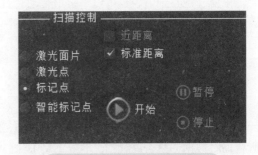

图 6-20 设置【标记点】扫描

2）将零件放置在转盘上，扫描仪以 45°的角度对着零件，按下扫描仪上的激光开关键，开始扫描标记点，如图 6-21 所示。

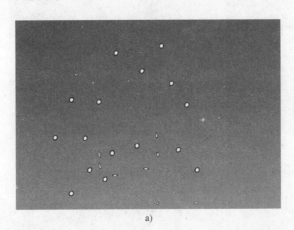

a)

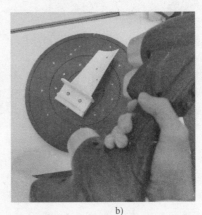

b)

图 6-21 扫描标记点

3）标记点扫描完毕后，按下扫描仪上的激光开关键关闭光源，单击 Scan Viewer 扫描软件中的【停止】按钮，先选择【优化】命令，进行标记点优化；接着框选底平面上的标记点，单击【背景标记点】中的【设置】，再单击【确定】设置背景，使底平面及底平面以下数据不会被识别，如图 6-22 所示。

图 6-22 设置背景点

（3）测量数据采集 在【扫描控制】选项组中选择【激光面片】，然后单击【开始】按钮，如图 6-23 所示，进入【多条激光线】（红色）模式，按下扫描仪上的扫描开关键，开始扫描。

将扫描仪对着零件，距离为 300mm 左右，按下扫描仪上的扫描开关键开始扫描，如图 6-24 所示。在扫描过程中，可以按下扫描仪上的视窗放大键，软件视图会相应放大，以便于观察细节；也可以平缓地转动转盘，辅助扫描。当遇到深槽等不易扫描的部位时，可以按两下扫描仪上的扫描开关键，切换到【单条激光线】模式。扫描完成关闭扫描仪，单击【停止】按钮。

（4）第二次扫描

1）如图 6-25 所示，选择【新增】命令，对零件背面

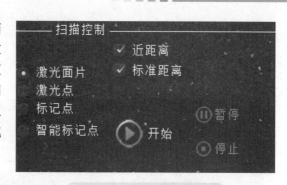

图 6-23 设置【激光面片】

进行扫描。单击【新增】按钮，出现提示框【当前扫描对象并非上一次扫描对象，若继续扫描则会清除之前所有临时数据，是否继续?】，单击【是】，翻转至零件背面进行扫描。

a)

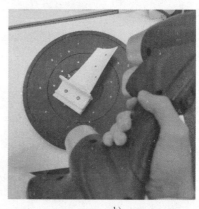

b)

图 6-24 激光面片扫描

2）重复上述操作步骤，设置背景，选择【激光面片】扫描，重新进行标记点扫描，如图 6-26 所示。

（5）扫描数据处理 激光点扫描完毕后，需要对数据进行处理，包括非连接项、网格化等一系列操作。

图 6-25 新增扫描

1）如图 6-27 所示，在【扫描控制面板】→【数据区域】→【数据管理】中单击【新项目 1】，切换至第一组数据进行数据处理。

图 6-26 背面扫描

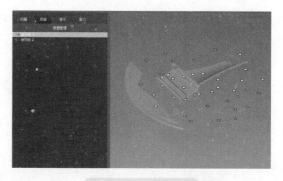

图 6-27 切换数据

微课视频直通车 21：

　快速入门案例——航空发动机数据采集

2）扫描零件过程中，难免会扫到一些目标零件以外的数据，此时可以在扫描完成后对这部分数据进行删除。在【点】工具栏→【激光点】区域中选择【非连接项】，选中数据，单击【删除】或按计算机键盘上的 <Delete> 键，命令使用前后的效果如图 6-28 和图 6-29 所示。重复上述操作，将【新项目 1】和【新项目 2】中的非连接项删除。

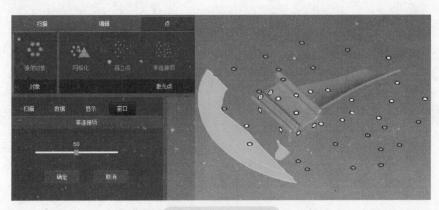

图 6-28　非连接项

图 6-29　去除非连接项

3）数据拼接。如图 6-30 所示，将【新项目 1】设置为 Test 数据，【新项目 2】设置为 Reference 数据。

如图 6-31 所示，在【点】工具栏→【注册】区域中选择【拼接】，选中【Reference 数据】中两组数据的共有标记点，勾选【合并】，单击【应用】和【确定】按钮，完成数据拼接。

4）数据网格化。选择【点】工具栏→【激光点】区域中的【网格化】，进行网格化参数设置，如图 6-32a 所示。图 6-32b 所示为网格化后的效果。

（6）保存数据　单击左上角【保存】图标，如图 6-33 所示，在弹出的窗口中选择网格文件（*.STL）格式保存到文件夹目录中。

图 6-30　新项目设置

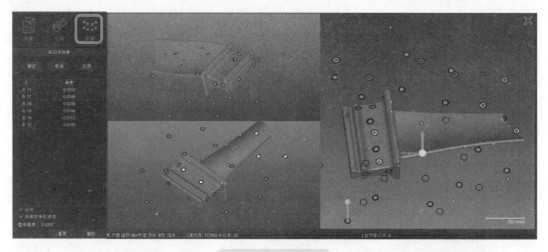

图 6-31　数据拼接

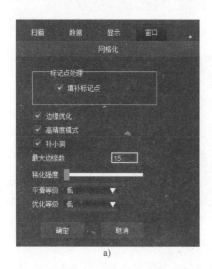

a)

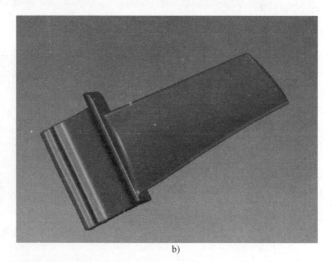

b)

图 6-32　网格化

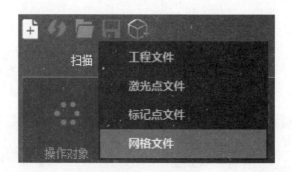

图 6-33　保存数据

微课视频直通车 22：
　　快速入门案例——航空发动机数据处理及网格化

6.2　数据检测方法

6.2.1　Geomagic Control 软件介绍

Geomagic Control（原 Geomagic Qualify 软件）是由美国 Geomagic 公司开发的一套全面的检测自动化平台，应用于三维扫描仪和其他便携式检测设备的测量流程。它通过对产品的 CAD 模型与实际制造件进行对比，来实现产品的快速检测，并以直观易懂的图形来显示检测结果，可对零件进行首件检验、在线或车间检验、趋势分析、2D 和 3D 几何形状尺寸标注以及自动化报告等操作。

1. Geomagic Control 软件的特点

（1）适用于点云和硬件检测　Geomagic Control 软件可以流畅地处理用各种三维扫描仪采集的点云数据，利用丰富的数据自动生成易解读的偏差色谱图，并自动分析零件。它还支持许多探头设备，因此可以综合各种测量技术，从而获得最佳测量结果。

（2）与 CAD 文件无缝对接　Geomagic Control 软件可以从主流 CAD 系统中导入原始文件，包括 Solid-Works、CATIA、Siemens NX 和 Pro/ENGINEER（现 Creo）。利用这一本地导入功能，用户可将 GD&T 标注、几何参考、CAD 基准特征等一起导入，易于进行分析检测。用户也可以无缝对接和在线比较扫描数据与原始设计数据，创建合格的报告，以便随时确保质量。

（3）强大的 GD&T 功能　Geomagic Control 软件提供全方位的、直观的尺寸和公差测量工具及选项。无论是自动检测几何特征、实时偏差还是迭代对齐，都可以从该软件中找到解决方案。

（4）更快、更可靠的自动检测　用户可以使用 Python 脚本自动化功能定制环境变量和检测流程，以满足其具体需求。通过创建的开源环境，用户可以设计多种命令行，包括 CAD 模型流程、报告、点和多边形处理等。

（5）最大化地利用硬件　无论是使用接触式扫描仪还是非接触式扫描仪，最重要的是在使用过程中物尽其用。用户可以利用 Python 脚本功能实现自动扫描流程。

2. Geomagic Control 操作界面介绍

Geomagic Control 的操作界面由选项卡、图形区域、状态栏等组成，如图 6-34 所示。

图 6-34　Geomagic Control 操作界面

3. Geomagic Control 按键功能

Geomagic Control 软件功能的实现除了可以使用命令图标外，也支持快捷键操作，其快捷键见表 6-12。

同时，它也支持用户自定义快捷键，以便有效提高操作效率。

表 6-12　Geomagic Control 快捷键

序号	操作键	功能	序号	操作键	功能
1	〈Ctrl〉+N 〈Ctrl〉+O 〈Ctrl〉+S	新建文件 打开文件 保存文件	10	〈Ctrl〉+B 〈F1〉 〈F2〉	重置边框 帮助 隐藏不活动对象
2	〈Ctrl〉+Z	撤销	11	〈F3〉	移动到下一个对象并隐藏不活动对象
3	〈Ctrl〉+Y	重复	12	〈F4〉	移动到上一个对象并隐藏不活动对象
4	〈Ctrl〉+T	矩形选择工具	13	〈F5〉	选择相同类型数据对象
5	〈Ctrl〉+L 〈Ctrl〉+P 〈Ctrl〉+U 〈Ctrl〉+V	直线选择工具 画笔选择工具 自定义区域选择工具 选择可见 / 选择贯通	14	〈F5〉 〈F6〉 〈F7〉 〈F12〉	显示开关 隐藏开关 透明度开关 隐藏不活动对象
6	〈Ctrl〉+A	全选	15	〈Esc〉	终止操作
7	〈Ctrl〉+C	全部不选	16	〈Del〉	删除点、多边形、面、曲线、曲面
8	〈Ctrl〉+D	模型到视图	17	〈Ctrl〉+X	应用程序选项
9	〈Ctrl〉+F 〈Ctrl〉+R	设置旋转中心 重置旋转中心	18	〈Ctrl〉+〈Shift〉+X 〈Ctrl〉+〈Shift〉+E	运行宏 结束宏录制

注：鼠标中键—旋转；<Shift> 键 + 鼠标右键（鼠标滚轮）—缩放；<Alt> 键 + 鼠标中键—平移。

6.2.2　数据对比分析流程

在整个流程中，将扫描数据和参考数据进行对齐是最关键的步骤之一。基于 Geomagic Control 软件进行数据对比的流程如图 6-35 所示。

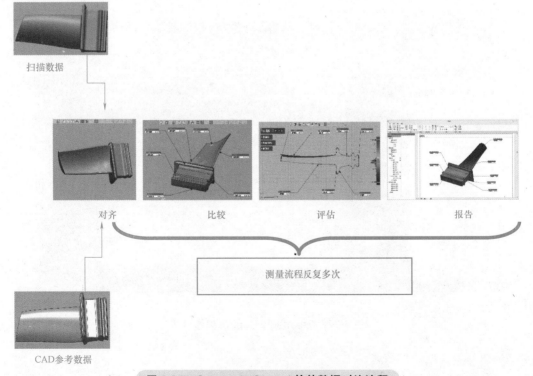

图 6-35　Geomagic Control 软件数据对比流程

6.2.3　快速入门案例

1. 导入数据

打开文件所在文件夹，框选【航空发动机叶片 .stp】和【航空发动机叶片—扫描数据 .stl】并直接拖入软件中，完成数据导入（也可逐个导入文件），如图 6-36 和图 6-37 所示。

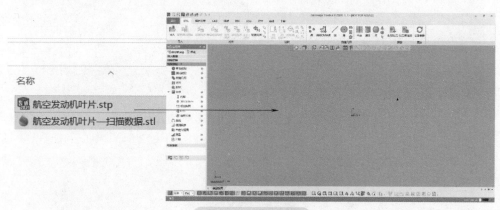

图 6-36　导入数据

2. 测量数据与参考数据的对齐方式

1）单击【转换对齐】图标，如图 6-38 所示。在【测量数据】和【参考数据】上分别进行位置点的选择。要求位置点的位置大致相同，数量最少三个，无上限，但为了便于操作，提高效率，一般选择三个位置点较为合适。

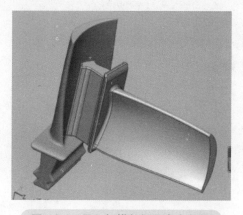

图 6-37　导入扫描数据和参考数据

图 6-38　【转换对齐】图标

2）在两组数据上完成位置点的选择后，在菜单栏的【详细设置】中勾选【最优匹配对齐】（相当于最佳拟合对齐），单击✓使测量数据与参考数据完成转换对齐，如图 6-39～图 6-41 所示。

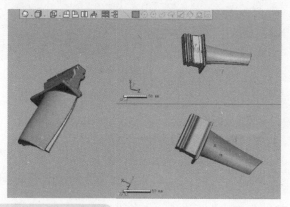

图 6-39　【转换对齐】对话框

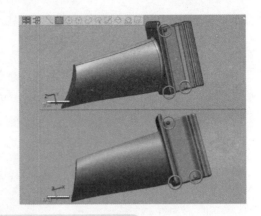

图 6-40　选择位置点、勾选【最优匹配对齐】

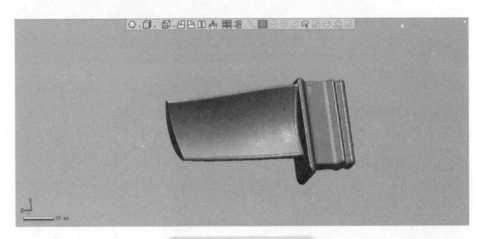

图 6-41　转换对齐的结果

微课视频直通车 23：

　　快速入门案例——航空发动机点云对齐

3. 3D 比较分析

1）单击【3D 比较】图标，弹出如图 6-42 所示的对话框，采用默认参数后单击进入下一步操作。

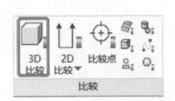

图 6-42　【3D 比较】图标

2）软件会自动计算并显示参考值和测量值之间的形状偏差。在【显示选项】中选择【色图】，在【颜

色面板选项】中勾选【使用指定公差】并设置为 ±0.1mm，单击✓完成 3D 比较操作，结果如图 6-43
所示。

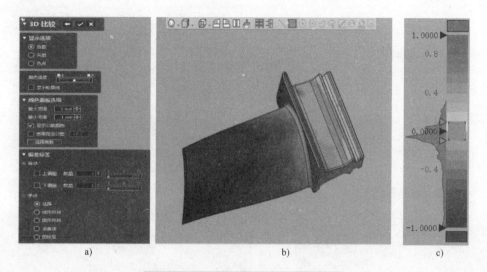

图 6-43 【3D 比较】参数设置及结果

3）单击【比较点】图标，将光标移动至颜色偏差比较大的地方，单击一下创建和显示位置偏差，注意
色图颜色偏差大的地方都需要显示其偏差值，后单击✓，结果如图 6-44 所示。

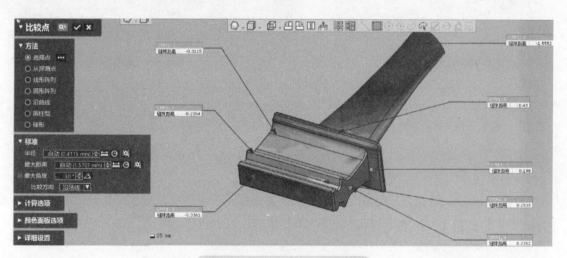

图 6-44　创建和显示位置偏差

4）如图 6-45 所示，若选择【自动排列】，系统将快速自动对齐图形窗口边界周围的位置标签。应用该
命令后，用户无法重新手动定位这些标签。【捕捉对齐】命令可在没有重叠的情况下对齐参考对象周围的标
签，同时用户可以重新定位这些标签。

图 6-45 【自动排列】和【捕捉对齐】命令

5）这里选择【捕捉】，在软件左侧选中【CMP1】，此时显示的模型视角不是所需的视角。将模型摆正
后，单击左下角的【更新视点】图标，重新分配视点，如图 6-46 所示。

6）重复使用【比较点】命令，将整个【轮毂盖】完整地显示色图偏差，完成色图分析，结果如
图 6-47～图 6-49 所示。

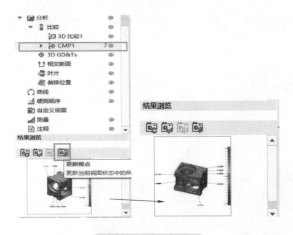

图 6-46　更新视点

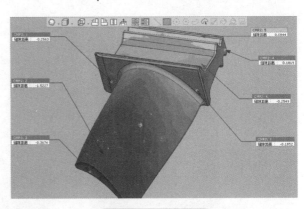

图 6-47　比较点 1

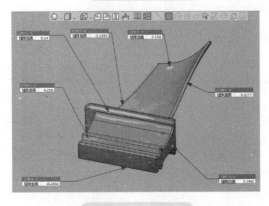

图 6-48　比较点 2

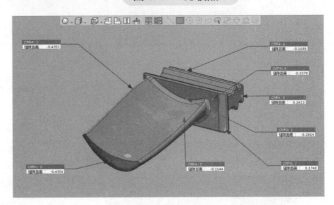

图 6-49　比较点 3

微课视频直通车 24：

　　快速入门案例——航空发动机 3D 比较

4. 2D 比较分析

1）单击【2D 比较】图标，弹出如图 6-50 所示的对话框，在【设置截面平面】中选择【偏移】命令，单击【基准平面】，选择【X】，在【偏移距离】文本框中输入 12.5mm，单击 进入下一步操作。

a)

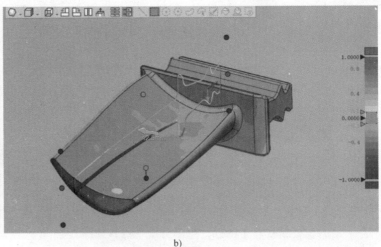

b)

图 6-50　【2D 比较】参数设置

2）显示【截面图】后，可使用 功能（沿逆时针方向旋转视图90°）和 功能（沿顺时针方向旋转视图90°）来调整视图。将光标移动至颜色偏差比较大的地方，单击一下创建和显示位置偏差，色图颜色偏差大的地方都需要显示其偏差值。注意：黑色线条无数据。单击 完成比较，结果如图6-51所示。

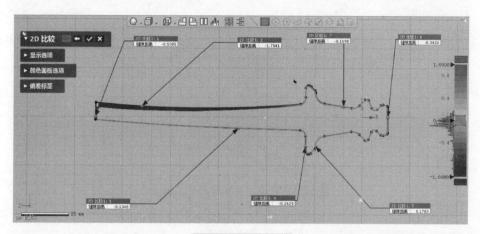

图6-51 2D比较

微课视频直通车25：

快速入门案例——航空发动机2D比较

5. 轮廓偏差分析

1）单击【轮廓投影曲线偏差】图标，通过指定方向，比较参考数据和测量数据的轮廓投影并显示其偏差。选择【参照】（内测圆弧面）、【回转轴】（线1）及【方向】（线2），单击 进入下一步操作，如图6-52所示。

a)

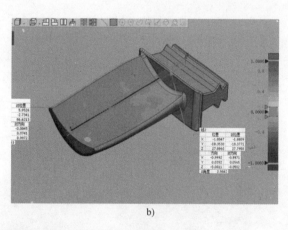
b)

图6-52 【轮廓投影曲线偏差】参数设置

2）将光标移动至偏差较大的地方，单击一下创建和显示轮廓位置偏差，色图颜色偏差大的地方都需要显示其偏差值，单击 完成比较，如图6-53所示。

6. 3D尺寸测量

（1）长度尺寸 测量所选目标实体之间的长度尺寸。单击【尺寸】选项卡→【3D】，使模型处于测量3D尺寸状态，单击【长度尺寸】，选择【对象】后，设置【公差】为【-0.3～0.4】、【参照】为69.5mm，单击 完成长度尺寸的测量，如图6-54所示。当选择圆或圆弧时，默认选择圆心，可在【圆弧条件】中更改【中心】【最小】【最大】。如果选择后没有出现【圆弧条件】，则勾选【对齐】即可出现。

 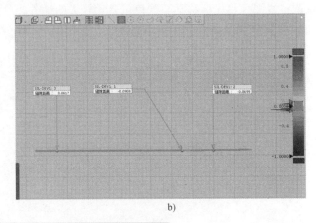

a)　　　　　　　　　　　　　　　　　　　b)

图 6-53　创建和显示轮廓位置偏差

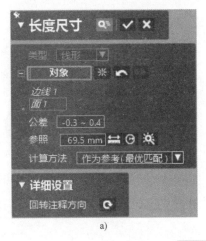 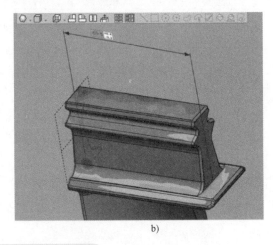

a)　　　　　　　　　　　　　　　　　　　b)

图 6-54　长度尺寸测量

（2）角度尺寸　测量目标实体之间的角度尺寸。单击【角度尺寸】，选择【对象】后，设置【参照】为【90°】、【公差】为【±0.1】，单击 ✔ 完成角度尺寸的测量，如图 6-55 所示。

 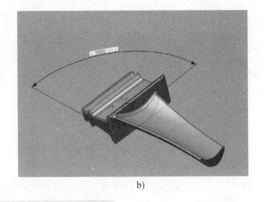

a)　　　　　　　　　　　　　　　　　　　b)

图 6-55　角度尺寸测量

（3）半径尺寸　测量目标实体的半径尺寸。单击【半径尺寸】，选择【对象】后，设置【参照】为【5.4mm】、【公差】为【±0.1】，单击 ✔ 完成半径尺寸的测量，如图 6-56 所示。系统默认为直径尺寸，勾选【半径】可更改为半径。

7. 报告生成与保存

单击【工具】选项卡中的【生成报告】，弹出【创建报告】对话框，单击【生成】按钮，系统将自动生成之前所操作的检测数据报告，如图 6-57 所示。

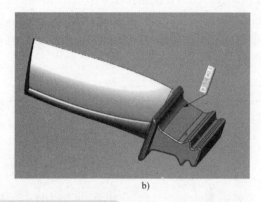

a) 　　　　　　　　　　　　　　　　　　　　b)

图 6-56　半径尺寸测量

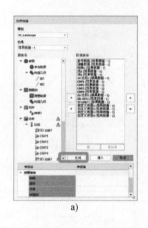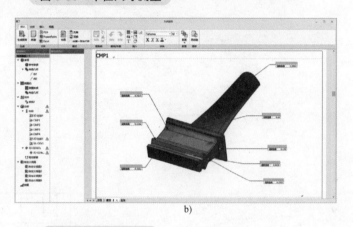

a) 　　　　　　　　　　　　　　　　　　　　b)

图 6-57　生成报告

在【默认】选项卡的【文件】组中，单击【PDF】图标，以 PDF 文件输出生成的报告。选择指定的文件夹目录，单击【保存】按钮，如图 6-58 所示。

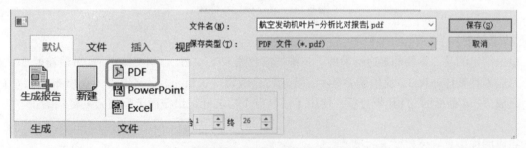

图 6-58　保存为 PDF 文件

微课视频直通车 26：

快速入门案例—航空发动机分析报告生成

6.3　汽车模型检测比较分析

本案例主要介绍汽车模型的数据对齐、3D 比较分析、2D 比较分析、2D 尺寸测量和报告输出。

6.3.1 汽车模型检测比较分析任务书

1. 任务概述

根据提供的 CAD 数模、STL 数据及任务书，完成零件的三维数字化检测。

2. 检测任务和要求

根据汽车模型的三维扫描数据 STL 文件和提供该产品的 CAD 数模及零件图样的 PDF 文件，对指定的尺寸进行测量、检测，如图 6-59 所示。

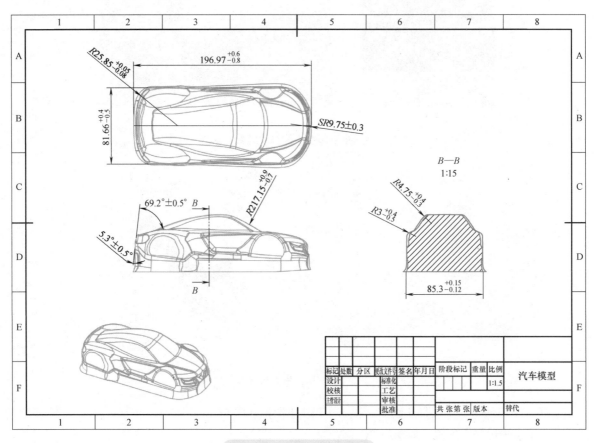

图 6-59 汽车模型零件图

检测要求如下：

1）根据给定的某一零件的多边形模型（三维扫描数据 STL 文件），与 CAD 数据做最佳拟合对齐。

2）完成零件整体外观 3D 比较偏差显示，要求临界值为 ±0.5mm，名义值为 ±0.1mm。

3）完成 B—B 截面的 2D 比较分析，使用【注释点】功能标记出截面上超出公差范围的正、负偏差值，各 3 处。

4）完成图样中具有公差要求的尺寸测量。

5）所有分析结果都体现在检测报告中，尺寸检测表见表 6-13。

表 6-13 尺寸检测表

（单位：mm）

序号	图区	直径尺寸			
		直径 / 长度 / 几何公差	公称尺寸	上极限偏差	下极限偏差
1	A2	R	25.85	0.05	−0.08
2	B2	L	81.66	0.4	−0.5
3	A3	L	196.97	0.6	−0.8

（续）

序号	图区	直径尺寸			
		直径 / 长度 / 几何公差	公称尺寸	上极限偏差	下极限偏差
4	B5	SR	9.75	0.3	−0.3
5	D2	∠	5.3°	0.5°	−0.5°
6	D2	∠	69.2°	0.5°	−0.5°
7	D4	R	217.15	0.9	−0.7
8	D6	R	3	0.4	−0.5
9	D6	R	4.75	0.4	−0.3
10	D7	L	85.3	0.15	−0.12

6.3.2　扫描数据比较分析

扫描完成的汽车模型数据（测量数据）和逆向设计完成的模型（参考数据）如图 6-60 所示。

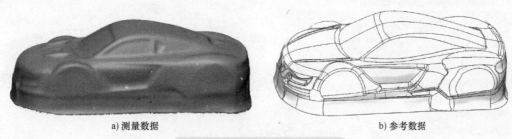

a) 测量数据　　　　　　　　　　　　b) 参考数据

图 6-60　测量数据和参考数据

1. 导入数据

框选【汽车模型 .stl】和【汽车整体 .stp】并直接拖入软件中，完成数据导入，也可以单个文件导入，如图 6-61 和图 6-62 所示。

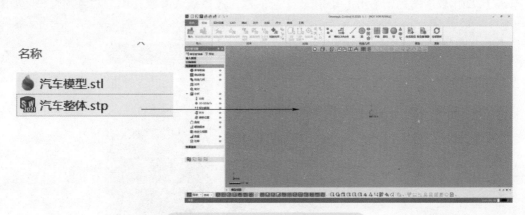

图 6-61　拖动测量数据和参考数据

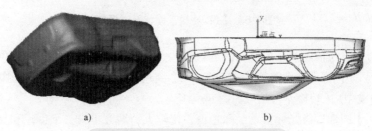

a)　　　　　　　　　　　　　b)

图 6-62　导入测量数据和参考数据

2. 测量数据与参考数据的对齐方式

1）单击【初始对齐】图标，在弹出的对话框中选择【快】，单击✔完成测量数据与参考数据的初始对齐，如图 6-63 所示（软件自动对齐测量数据与参考数据）。

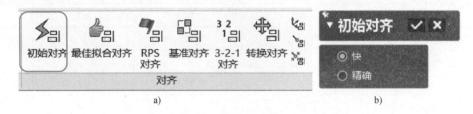

图 6-63 【初始对齐】图标和对话框

2）完成初始对齐后，单击【最佳拟合对齐】图标，单击✔完成测量数据与参考数据的最佳拟合对齐，如图 6-64 所示。

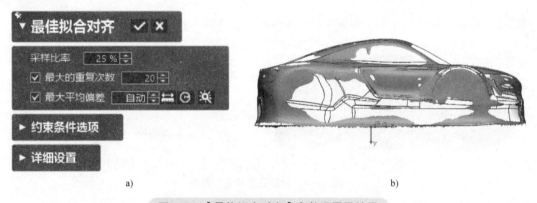

图 6-64 【最佳拟合对齐】参数设置及结果

3. 3D 比较分析

1）单击【3D 比较】图标，弹出【3D 比较】对话框，选择默认参数并单击➡进入下一步操作，如图 6-65 所示。

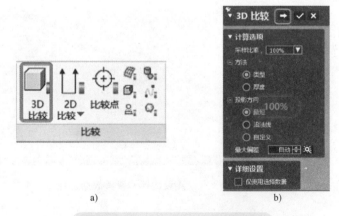

图 6-65 【3D 比较】图标及对话框

2）自动计算和显示参考值和测量值之间的形状偏差，在【显示选项】中选择【色图】，【最大范围】设置为 0.5mm，【最小范围】随【最大范围】自动变化；【颜色面板选项】勾选【使用指定公差】并设置为 ±0.1mm，单击✔完成 3D 比较操作，结果如图 6-66 所示。

3）单击【比较点】图标，将光标移动至颜色偏差比较大的地方单击一下创建和显示位置偏差，注意色图颜色偏差大的地方都需要显示其偏差值，单击✔完成操作，结果如图 6-67 所示。

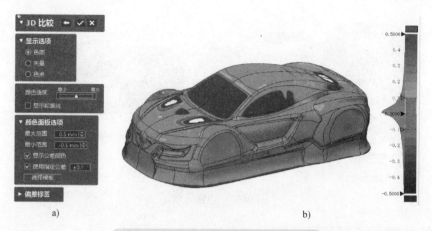

图 6-66 【3D 比较】参数设置及结果

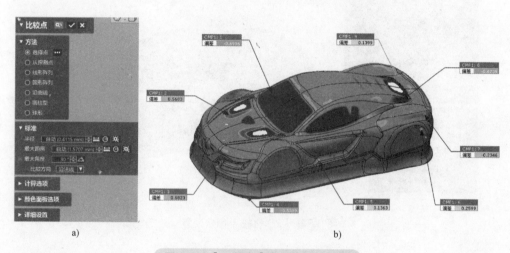

图 6-67 【比较点】参数设置及结果

4）选择【自动排列】，快速自动对齐图形窗口边界周围的位置标签；无法手动调整标签位置，【捕捉对齐】可在没有重叠的情况下对齐参考对象周围的标签，可手动调整标签位置，此处选择【捕捉对齐】，结果如图 6-68 所示。

图 6-68 【自动排列】和【捕捉对齐】命令

5）如图 6-69 所示，选中【CMP1】，若比较点显示的视角不满足需求的视角，将视图摆正后，单击左下角的【更新视点】图标，重新分配视点。

6）重复使用【比较点】命令，使整个【汽车模型】完整地显示色图偏差，完成色图分析，结果如图 6-70 所示。

4. 2D 比较分析

1）单击【2D 比较】图标，弹出图 6-71 所示对话框，在【设置截面平面】中选择【偏移】命令，单击【基准平面】，通过选择【X】，在【偏移距离】文本框中输入 0mm，再单击 ➡ 进入 B—B【截面图】。

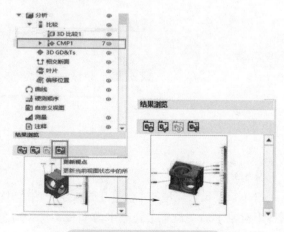

图 6-69 【更新视点】操作

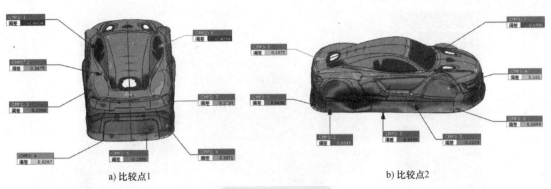

a) 比较点1   b) 比较点2

图 6-70　色图分析

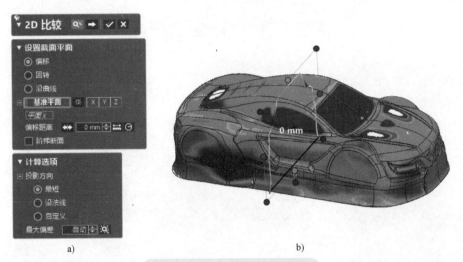

a)   b)

图 6-71　【2D 比较】参数设置

2）显示【截面图】后，可使用 ⬚ 功能和 ⬚ 功能调整视图。将光标移动至颜色偏差比较大的地方单击一下创建和显示位置偏差，色图颜色偏差大的地方都需要显示其偏差值。注意：黑色线条无数据，单击 ✅ 完成比较，结果如图 6-72 所示。

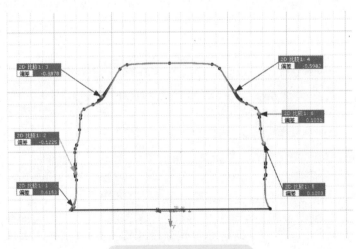

图 6-72　2D 比较截面图

5. 3D 尺寸测量

（1）长度尺寸　单击【尺寸】选项卡中的【3D】，模型保持处于测量 3D 尺寸状态；单击【长度尺寸】，选择【对象】后，设置【公差】为【-0.8 ~ 0.6】、【参照】为【196.97mm】，勾选【对齐】，选择【X 轴】，单击 ✅ 完成长度尺寸测量，如图 6-73 所示。

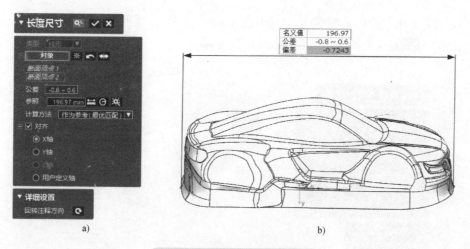

图 6-73 长度尺寸测量（一）

使用【长度尺寸】命令，在模型上移动光标高亮显示两圆柱对象，【公差】【参照】数值设置如图 6-74 所示，【圆弧条件】中【1st 圆弧】选择【最小】，【2nd 圆弧】选择【最小】，单击 ✓ 完成长度尺寸测量。

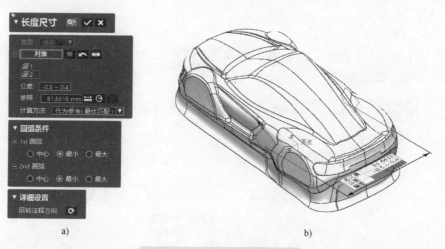

图 6-74 长度尺寸测量（二）

（2）半径尺寸 单击【半径尺寸】，选择【对象】为球面后，设置【参照】为【9.75mm】、【公差】为【±0.3】，单击 ✓ 完成半径尺寸测量，如下图 6-75 所示：

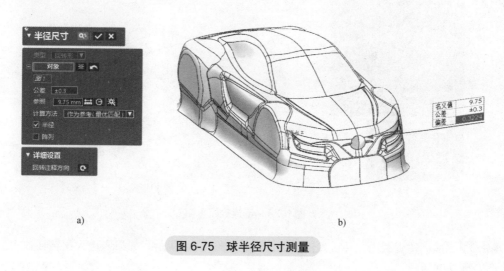

图 6-75 球半径尺寸测量

单击【半径尺寸】，选择【对象】为圆柱面后，设置【参照】为【25.85mm】、【公差】为【-0.08 ～ 0.05】，单击✓完成半径尺寸测量，如图 6-76 所示。

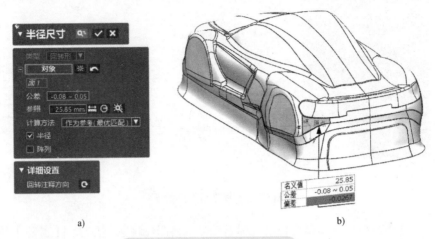

a)

b)

图 6-76　圆柱面半径尺寸测量

6. 2D 尺寸测量

（1）评价 5、6、7 尺寸（见表 6-13）

1）单击【尺寸】选项卡，选择【2D】，模型保持处于测量 2D 尺寸状态，单击【+添加截面】，进入创建【相交断面】对话框，如图 6-77 所示。

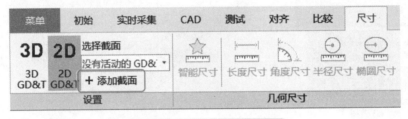

图 6-77　【+添加截面】命令

2）如图 6-78 所示，在【相交断面】的【设置截面平面】中选择【偏移】，单击【基准平面】，选择【Z】平面，在【偏移距离】文本框中输入 0mm。

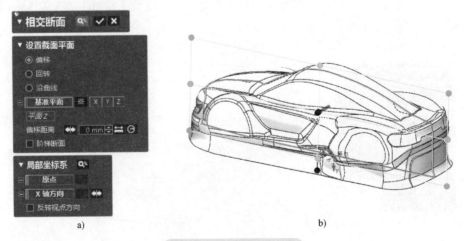

a)

b)

图 6-78　设置截面平面

3）单击✓完成创建横截面，并进入横截面窗口，如图 6-79 所示。如果未进入横截面窗口，则【2D 尺寸标注】命令无法激活。

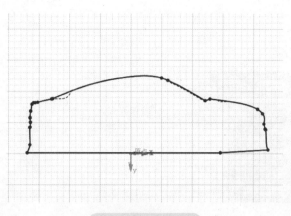

图 6-79　2D 截面

4）单击【半径尺寸】，选择对象如图 6-80 所示，设置【公差】为【-0.7～0.9】、【参照】为【217.15mm】，单击✔完成半径尺寸评价。

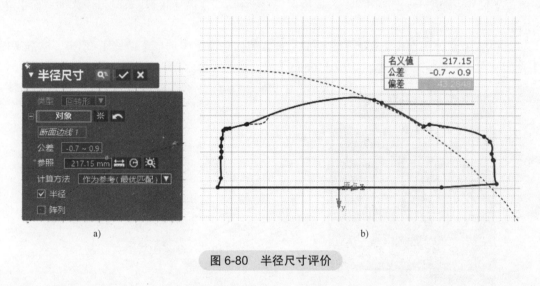

a)

b)

图 6-80　半径尺寸评价

5）单击【角度尺寸】，选择对象如图 6-81 所示，设置【公差】为【±0.5】、【参照】为【69.2°】，单击✔完成角度尺寸评价。

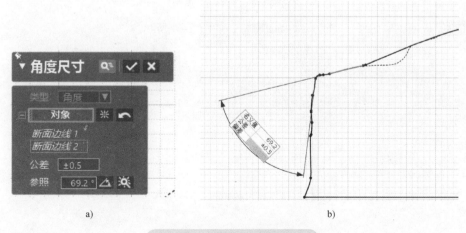

a)

b)

图 6-81　角度尺寸评价（一）

6）与上述方法一致，完成图 6-82 所示角度尺寸的评价。

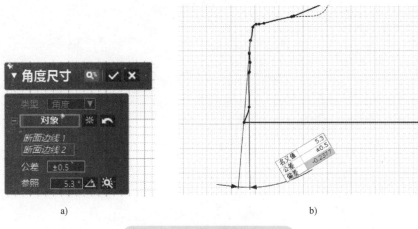

图 6-82　角度尺寸评价（二）

（2）评价 8、9、10 尺寸（见表 6-13）

1）单击【尺寸】选项卡，选择【2D】，模型保持处于测量 2D 尺寸状态，单击【+添加截面】进入创建【相交断面】。

2）如图 6-83 所示，在【相交断面】窗口的【设置截面平面】中选择【偏移】，单击【基准平面】，选择【X】平面，在【偏移距离】文本框中输入 0mm。

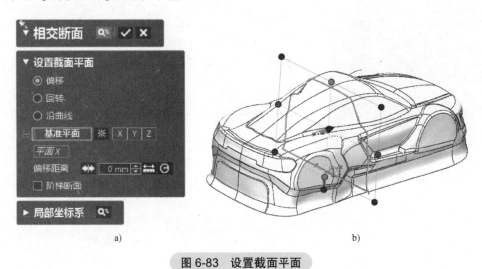

图 6-83　设置截面平面

3）单击✅完成创建横截面，并进入横截面窗口，如图 6-84 所示。

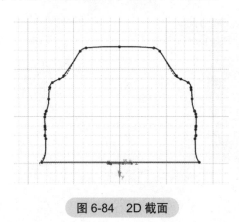

图 6-84　2D 截面

4）与 5、6、7 尺寸的评价方法一致，8、9 尺寸的评价如图 6-85 和图 6-86 所示。

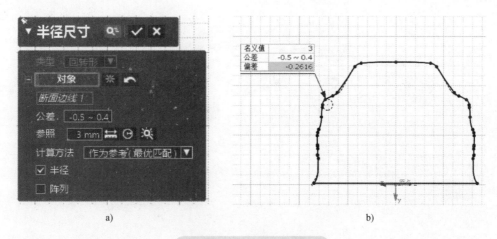

图 6-85 半径尺寸 8 评价

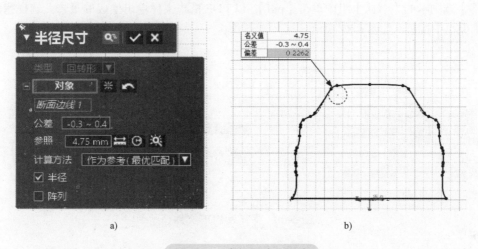

图 6-86 半径尺寸 9 评价

5）单击【长度尺寸】，选择对象如图 6-87 所示，设置【公差】为【-0.12 ～ 0.15】、【参照】为【85.3mm】，单击 ✓ 完成长度尺寸评价。

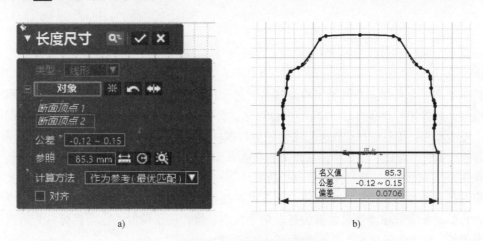

图 6-87 长度尺寸评价

7. 报告生成与保存

单击【生成报告】图标 ，弹出【创建报告】对话框，单击【生成】按钮，自动生成之前所操作的检测数据报告，如图 6-88 所示。

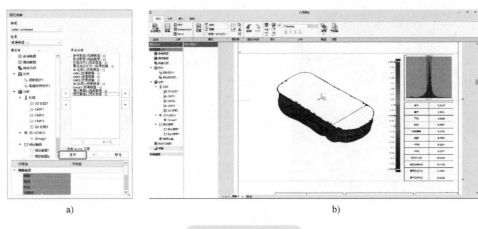

a)   b)

图 6-88　生成报告

在【文件】选项卡的【默认】组中单击【pdf】，以 PDF 格式文件输出生成的报告。选择指定的文件夹目录，单击【保存】按钮，如图 6-89 所示。

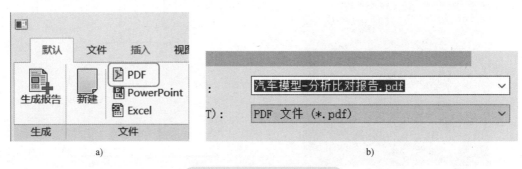

a)   b)

图 6-89　保存为 PDF 文件

微课视频直通车 27：
　　汽车模型检测对比

小结

实体零件三维数字化检测是一种精密检测技术，这种技术通过使用一定的测量设备对被测实体采集数据获得数字模型，并将其与产品的 CAD 模型进行对比，实现产品的快速检测，以直观易懂的图形来显示检测结果。其主要流程为：用三维扫描仪采集实体轮廓数据；使用 Geomagic Control 软件导入产品的 CAD 模型与采集获得的数据进行对比；生成产品质量分析报告。

Geomagic Control 软件的处理过程主要包括数据对齐、偏差检测及报告输出三个阶段。数据对齐阶段的目标是将测量数据和参考数据进行匹配对齐，实现模型的整体偏差统一化；偏差检测阶段相当于读取普通测量的尺寸，目的在于获取模型测量数据的各点偏差大小；报告输出阶段的主要目标是为第三方数据的读取和信息交流服务，生成便于技术人员阅读理解的规范文档。

课后练习与思考

1. 三维数字化检测的工作流程是什么？

2. 数字化检测的数据对齐需要注意哪些问题?

3. 利用手中现有的模型,使用相关软件完成检测报告并输出。

4. 数字化检测与使用常规的游标卡尺等测量方式有何区别?

课后拓展

1. 吸尘器模型数字化检测

微课视频直通车 28:

　　吸尘器模型数字化检测

2. 剃须刀模型数字化检测

微课视频直通车 29:

　　剃须刀模型数字化检测

素养园地

　　数字化检测是工程测量技术中一种精度较高的测量方法,因此在整个操作过程中,都要严格遵守操作规范,保持严谨认真、精益求精的工作态度,否则就会失去检测的意义。

　　某铁路墩柱测量质量事故——违规操作、一切归零

　　1. 事故概况

　　在某新建铁路 116 号墩的墩柱立模标高测量中,由于技术人员缺乏,现场技术人员利用工人扶尺测量(水准尺为铝合金塔尺),待墩柱混凝土浇筑前,现场技术主管巡视时发现墩柱模板总体高度与图样所示高度不吻合(模板为定制钢模,每节高度已知),立即通知现场停工,进行测量复核,最后复核发现墩柱模板总体高度多出 20cm。因多出的 20cm 模板位于立模底部,造成所有墩柱模板拆除并重新安装,墩柱上部钢筋拆除并重新绑扎。

　　2. 事故原因分析

　　经过测量复核分析,确定为现场技术人员在利用工人扶尺测量时,有近 20cm 的水准塔尺没有完全拔出,立模完成后,项目部测量组未对模板的标高进行复核,只复核了墩柱顶的平面位置,导致测量错误。

增材制造模型设计综合案例

> 知识目标：
1）掌握典型零部件模型设计流程。
2）掌握典型零部件模型设计方法。
> 技能目标：
能够根据典型案例所示的方法进行模型设计。
> 素养目标：
1）具有发现问题、分析问题、解决问题的能力。
2）具有认真、细心的学习态度和精益求精的工匠精神。

考核要求

完成本项目学习内容，能够根据给定要求完成零件正向建模；扫描中等复杂曲面实体三维轮廓数据并正确处理，得到重构的三维模型，并进行数字化检测。

必备知识

7.1 摄像头支架三维正向结构设计优化

1. 任务描述

请给计算机摄像头（图7-1）和显示器模型设计一个连接支架，支架一端安装在显示器上，另一端安装在摄像头下端，安装位置如图7-2所示。

支架设计具体要求：①外形美观；②结构合理，角度可调节；③摄像头与支架紧固连接，支架安装于显示器上，安全稳固；④符合3D打印制作工艺要求。

图 7-1　摄像头

图 7-2　显示器及支架安装位置

2. 任务目标

1）创建连接杆。

2）创建夹紧基座。

3. 设计过程

（1）绘制连接杆草图　选择【草图】命令，单击前基准面，使用【直线】及【圆弧】命令绘制连接杆草图，并使用【草图修剪】命令进行修剪，最终效果如图 7-3 所示。

（2）创建连接杆实体　选择【回旋】命令，单击前面绘制的草图，创建实体后的效果如图 7-4 所示。

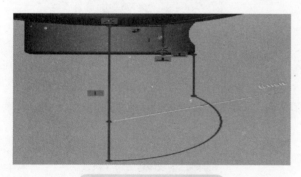

图 7-3　绘制连接杆草图

图 7-4　创建连接杆实体图

（3）绘制夹紧基座草图　选择【草图】命令，单击前基准面，使用【直线】命令绘制夹紧基座草图，并使用【草图修剪】命令进行修剪，最终效果如图 7-5 所示。

（4）创建夹紧基座实体　选择【拉伸】命令，单击前面绘制的草图，创建实体后的效果如图 7-6 所示。

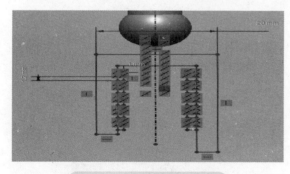

图 7-5　绘制夹紧基座草图

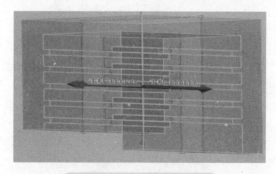

图 7-6　创建夹紧基座实体

（5）倒角（R7mm）　选择【倒角】命令，单击两轮廓线，倒角效果如图 7-7 所示。

（6）倒角（R9.5mm）　选择【倒角】命令，单击两轮廓线，倒角效果如图 7-8 所示。

（7）绘制连接位草图　选择【草图】命令，单击前基准面，使用【直线】命令绘制连接位草图，最终效果如图 7-9 所示。

（8）创建连接位实体　选择【回旋】命令，单击前面绘制的草图，创建实体后的效果如图 7-10 所示。

图 7-7　倒角（R7mm）

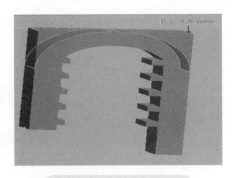

图 7-8　倒角（R9.5mm）

图 7-9　绘制连接位草图

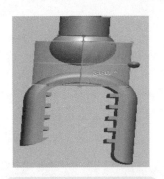

图 7-10　创建连接位实体

（9）绘制连接位开槽草图　选择【草图】命令，单击前基准面，使用【直线】命令绘制连接位开槽草图，最终效果如图 7-11 所示。

（10）槽位切除　选择【拉伸】命令，单击前面绘制的草图，拉伸切除后的效果如图 7-12 所示。

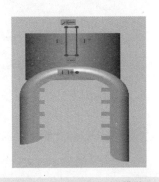

图 7-11　绘制连接位开槽草图

图 7-12　槽位切除

（11）连接位与基座合并　选择【布尔运算】命令，对连接位实体与基座实体进行合并，效果如图 7-13 所示。

（12）倒角修饰　选择【倒角】命令，对相应边进行倒角，使其光顺过渡，效果如图 7-14 所示。

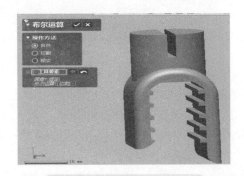

图 7-13　连接位与基座合并

图 7-14　倒角修饰

（13）连接位切除　选择【布尔运算】命令，对连接杆和夹紧基座进行布尔运算，连接位切除效果如图 7-15 所示。

最终整体装配效果如图 7-16 所示。

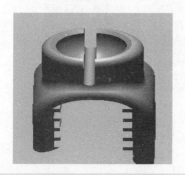

图 7-15　连接杆与夹紧基座的连接位切除

图 7-16　最终整体装配效果

7.2　摄像头三维数据采集与处理

某厂家生产的一款摄像头由于外形结构单一，不能吸引顾客。现想利用逆向工程技术对摄像头的外观进行反求设计，制造出一款新的摄像头产品来增加用户的需求量。需要扫描的部分如图 7-17 所示。

1. 摄像头表面处理

通过观察发现，该摄像头表面不易反射光线，会影响正常扫描效果，所以采用喷涂一层显像剂的方式进行扫描，从而获得更加理想的点云数据。

2. 粘贴标志点

因为需要扫描整体点云，所以需要粘贴标志点，以便进行拼接扫描，如图 7-18 所示。

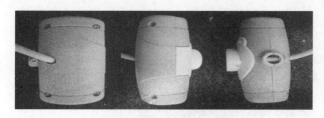

图 7-17　摄像头示意图

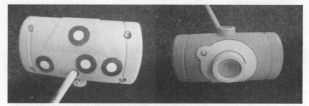

图 7-18　粘贴标志点示意图

3. 三维轮廓数据扫描

1）新建工程并命名为"shexiangtou"，将摄像头放置在转盘上，确定转盘和摄像头在十字中间，尝试转动转盘一周，在软件最右侧实时显示区域进行检查，以保证能够扫描到整体。观察软件右侧实时显示区域处摄像头的亮度，通过设置摄像头曝光值来调整亮度；检查扫描仪到被扫描物体的距离，此距离可以依据右侧实时显示区域中的白色十字与黑色十字重合来确定，重合时的距离约为 600mm，在此高度点云提取质量最好。所有参数调整好后，即可单击【开始扫描】图标，开始第一步扫描，如图 7-19 所示。

2）转动转盘一定角度，必须保证与上一步扫描有重合部分，这里的重合是指标志点重合，即上一步和该步能够同时看到至少三个标志点，如图 7-20 所示。

3）与上一步类似，向同一方向继续旋转一定角度进行扫描，直到完成摄像头上表面的扫描，如图 7-21 所示。

4）将摄像头从转盘上取下，翻转转盘，同时也将摄像头进行翻转扫描其下表面，通过之前手动粘贴的标志点完成拼接过程，与步骤 2）类似，向同一方向继续旋转一定角度进行扫描，如图 7-22 所示。

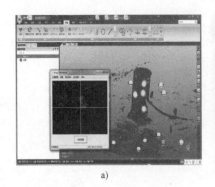
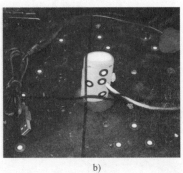

a)　　　　　　　　　　　　b)

图 7-19　开始扫描

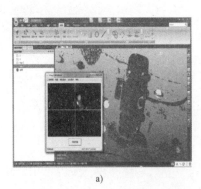
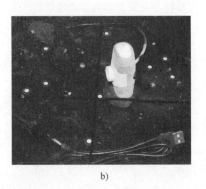

a)　　　　　　　　　　　　b)

图 7-20　拼接扫描

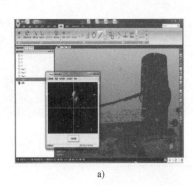
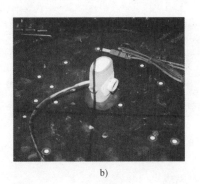

a)　　　　　　　　　　　　b)

图 7-21　旋转扫描

5）与步骤2）类似，目的都是将摄像头的表面数据扫描完整，获得完整的摄像头点云数据，旋转过程如图7-23所示。

扫描工作完成后，在软件中单击【保存】图标，将扫描数据另存为ASC或者TXT格式文件。这里保存的文件名为"shexiangtou.asc"，后续将使用Geomagic Wrap点云处理软件进行点云处理。

4. 摄像头模型的数据处理

摄像头模型数据处理前后的效果如图7-24所示。

（1）点阶段处理流程

1）打开文件。启动Geomagic Wrap软件，打开之前保存的"shexiangtou.asc"文件，如图7-25所示。

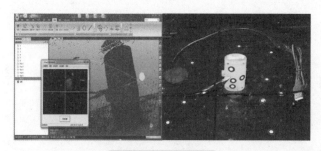

图 7-22　翻转扫描

图 7-23　旋转过程

2）将点云着色。为了更加清晰、方便地观察点云的形状，对点云进行着色。选择菜单栏【点】→【着色点】，着色后的效果如图 7-26 所示。

3）选择非连接项。选择菜单栏【点】→【选择】→【非连接项】，在管理器面板中弹出【选择非连接项】对话框。在【分隔】的下拉列表中选择【低】分隔方式，【尺寸】按默认值 5.0，单击【确定】图标，点云中的非连接项被选中并呈现红色，选择菜单栏【点】→【删除】或按下〈Delete〉键，效果如图 7-27 所示。

a) 处理前

b) 处理后

图 7-24　摄像头模型的数据处理效果

4）去除体外孤点。选择菜单栏【点】→【选择】→【体外孤点】，在管理器面板中弹出【选择体外孤点】对话框，设置【敏感度】值为 100，也可以通过单击右侧的两个三角图标来增加或减小【敏感度】的值，单击【确定】图标，此时体外孤点被选中，呈现红色，选择菜单栏【点】→【删除】或按〈Delete〉键删除选中的点，如图 7-28 所示。

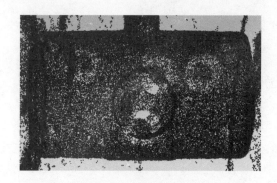

图 7-25　摄像头点云

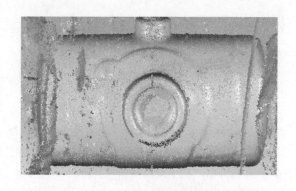

图 7-26　着色视图

图 7-27　选择非连接项

图 7-28　去除体外孤点

5）删除非连接点云。选择工具栏中的【套索选择工具】![icon]，配合工具栏中的命令图标一起使用，将非连接点云删除，如图 7-29 所示。

6）减少噪音。选择菜单栏【点】→【减少噪音】![icon]，在管理器面板中弹出【减少噪音】对话框。选择【自由曲面形状】，【平滑度水平】为【无】，【迭代】设置为 5，【偏差限制】设置为 0.05mm。

7）封装数据。选择菜单栏【点】→【封装】![icon]，系统弹出【封装】对话框，该命令将围绕点云进行封装计算，使点云数据转换为多边形模型，如图 7-30 所示。

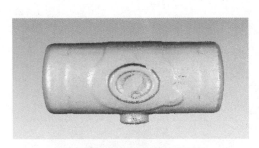

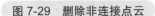

图 7-29　删除非连接点云

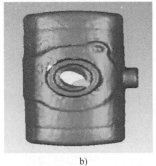

图 7-30　封装

（2）多边形阶段处理流程

1）删除钉状物。选择菜单栏【多边形】→【删除钉状物】![icon]，在【模型管理器】中弹出图 7-31 所示的【删除钉状物】对话框，【平滑级别】调至中间位置，单击【应用】按钮。

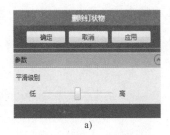

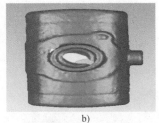

图 7-31　删除钉状物

2）全部填充。选择菜单栏【多边形】→【全部填充】，可以根据孔的类型搭配选择不同的方法进行填充。

3）去除特征。该命令用于删除模型中不规则的三角形区域，并插入一个更有秩序且与周边三角形连接得更好的多边形网格。先手动选择需要去除特征的区域，然后单击【多边形】→【去除特征】，如图 7-32 所示。

4）保存数据。单击左上角的【文件】，另存为 "shexiangtou.stl" 文件，为后续逆向建模准备。

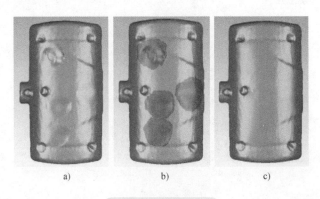

图 7-32　去除特征

7.3　摄像头模型三维逆向重构

1. 逆向建模思路

1）导入 STL 格式模型，建立摄像头坐标系。

2）创建主体。合理划分曲面，利用面片创建自由曲面，将所有曲面创建完成后合并为实体，对所建立特征进行镜像。

3）创建特征结构。特征结构较多，需要逐一创建。

4）导出数据。

2. 逆向建模过程

（1）建立坐标系

1）单击【插入】→【导入】，导入"shexiangtou.stl"文件。

2）单击【平面】图标 ⊞，方法为【选择多个点】，创建一个基准平面1；单击【平面】图标 ⊞，方法为【绘制直线】，创建一个基准平面2，如图 7-33 所示。

3）单击【平面】图标 ⊞，方法为【镜像】，要素为之前创建的基准平面2和点云数据模型，创建一个基准平面3，如图 7-34 所示。

a) 基准平面1　　　　b) 基准平面2

图 7-33　创建基准平面 1、2

4）单击【手动对齐】图标，单击 ➡ 图标进入下一阶段，方法为【X-Y-Z】，【X 轴】选择平面1，【Z 轴】选择平面3，单击 ✅ 图标确认，如图 7-35 所示。

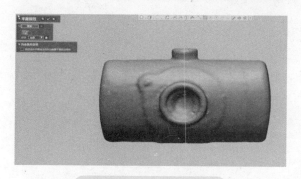

图 7-34　创建基准平面 3

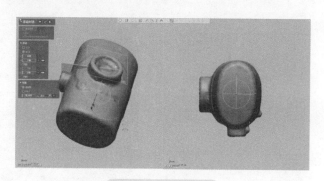

图 7-35　手动对齐

（2）创建摄像头主体

1）单击菜单栏中【领域】，进入领域组模式。利用【画笔选择模式】手动划分领域组，如图 7-36 所示。

a)　　　　　b)　　　　　c)　　　　　d)

图 7-36　领域划分

2）单击【面片拟合】图标 ◈，对领域组依次进行曲面拟合，分辨率选择【许可偏差】，手动调整大小，单击 ✅ 图标确认，如图7-37所示。注：若面片的大小不满足后面的剪切需求，则需要使用【延长曲面】命令对其进行延长操作。

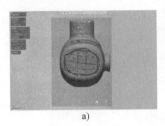 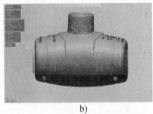 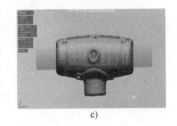

a)   b)   c)

图 7-37　面片拟合

3）单击【剪切曲面】图标 ◈，对之前的拟合曲面进行剪切，如图7-38所示。

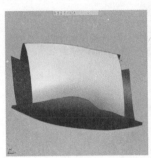 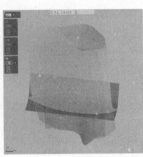 

图 7-38　剪切曲面

4）单击【圆角】图标 ⬭圆角，选择【可变圆角】命令，对上述剪切曲面进行圆角处理，如图7-39所示。

5）单击【剪切曲面】图标 ◈，对上述的拟合曲面和剪切曲面进行再剪切，单击 ✅ 图标确认，退出剪切曲面模式，如图7-40所示。

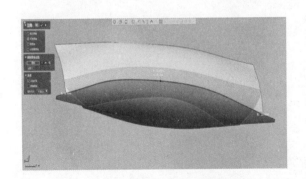 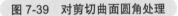 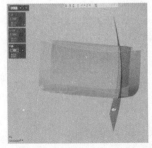 

图 7-39　对剪切曲面圆角处理   图 7-40　对拟合曲面和剪切曲面再剪切

6）单击【剪切曲面】图标 ◈，对上一步的剪切曲面进行再剪切，单击 ✅ 图标确认，退出剪切曲面模式，如图7-41所示。

7）单击【圆角】图标 ⬭圆角，选择【固定圆角】命令，对上述剪切曲面进行圆角处理，如图7-42所示。

8）单击【曲面偏移】图标 ◈曲面偏移，分别对以下曲面进行偏移，距离分别为1mm、0.4mm，如图7-43所示。

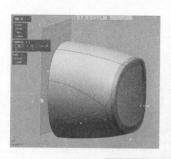

图 7-41 曲面再剪切　　　　　　　　　图 7-42 圆角处理

9）单击【3D 草图】图标 ⬙，利用【样条曲线】命令，对上一步创建的偏移曲面进行 3D 草图绘制，如图 7-44 所示。

图 7-43 曲面偏移

图 7-44 3D 草图绘制

10）单击【剪切曲面】图标 ⬙，利用步骤 9）创建的 3D 样条曲线，对步骤 8）创建的偏移曲面进行剪切，单击 ✅ 图标确认，退出剪切曲面模式，如图 7-45 所示。

11）单击【放样】图标 ⬙，对剪切过的偏移曲面进行放样操作，与面相切的【切线长】可设置为 1mm、1.35mm，单击 ✅ 图标确认，如图 7-46 所示。注:【切线长】的大小不固定，可根据实际情况做相应修改。

图 7-45 剪切偏移曲面

图 7-46 偏移曲面放样

12）单击【缝合】图标 ⬙，对上一步放样后的曲面与偏移曲面进行缝合，如图 7-47 所示。

13）单击【草图】图标 ⬙，基准平面选择【右】平面，利用【3 点圆弧】【直线】命令绘制草图，如图 7-48 所示。

14）单击【拉伸】图标 ⬙，对上一步创建的草图进行曲面双向拉伸，距离分别为 17mm、28mm，如图 7-49 所示。

15）单击【剪切曲面】图标 ⬙，对步骤 12）缝合后的曲面与步骤 14）拉伸后的曲面进行剪切，单击 ✅ 图标确认，退出剪切曲面模式，如图 7-50 所示。

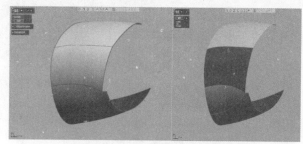

图 7-47 放样曲面和偏移曲面缝合

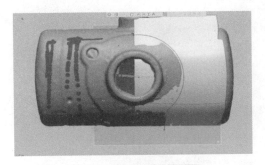

图 7-48　绘制草图（一）

图 7-49　曲面双向拉伸

a)

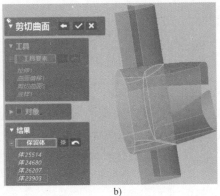

b)

图 7-50　缝合曲面和拉伸曲面剪切

16）单击【草图】图标 ，基准平面选择【右】平面，利用【直线】命令绘制草图，如图 7-51 所示。

17）单击【曲面拉伸】图标 ，对上一步创建的草图进行曲面单向拉伸，距离为 22mm，如图 7-52 所示。

图 7-51　绘制草图（二）

图 7-52　曲面单向拉伸

18）单击【剪切曲面】图标 ，对上述操作的曲面进行相互剪切，单击 图标确认，退出剪切曲面模式，如图 7-53 ～图 7-55 所示。

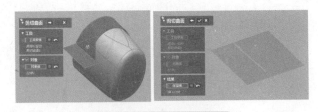

图 7-53　剪切曲面（一）

19）单击【缝合】图标 ，对上述剪切后的曲面进行缝合，如图 7-56 所示。

20）单击【剪切曲面】图标 ，对上述操作的曲面进行互相剪切，单击 图标确认，退出剪切曲面模式，如图 7-57 所示。

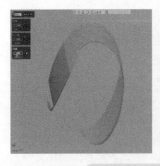

图 7-54　剪切曲面（二）

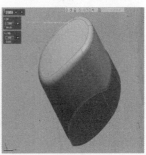

图 7-55　剪切曲面（三）

图 7-56　曲面缝合（一）

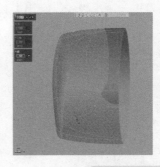

图 7-57　剪切曲面（四）

21）单击【缝合】图标 ，对上述剪切后的曲面进行缝合，如图 7-58 所示。

22）单击【剪切曲面】图标 ，对步骤 21）缝合后的曲面进行剪切，单击 图标确认，退出剪切曲面模式，如图 7-59 所示。

图 7-58　曲面缝合（二）

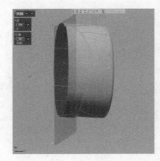
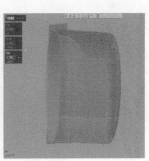

图 7-59　剪切曲面（五）

23）单击【圆角】 图标，选择【固定圆角】命令，对步骤 22）创建的剪切曲面进行圆角处理，如图 7-60 所示。注：区分【倒角】命令的应用。

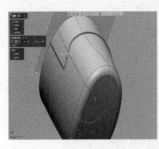
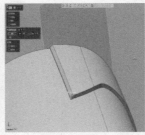

图 7-60　倒圆角

24）单击【镜像】图标 ，对步骤 23）处理的曲面进行镜像操作，如图 7-61 所示。

25）单击【缝合】图标 ◈，对步骤24）镜像后的曲面进行缝合，如图7-62所示。

26）单击【圆角】图标 ◯ 圆角，选择【固定圆角】命令，对步骤25）缝合后的实体进行圆角处理，半径为80mm，如图7-63所示。

27）单击【平面】图标 ▦，方法为【选择多个点】，创建一个基准平面，如图7-64所示。

28）单击【面片草图】图标 ✐，基准平面选择【平面1】，拖拽蓝色细箭头，截取轮廓线，单击 ✅ 图标确认，进入【草图绘制】模式，利用【圆】命令绘制同心圆，半径分别为8.5mm、6.5mm，如图7-65所示。

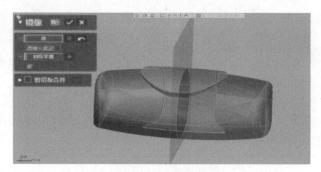

图 7-61　镜像特征

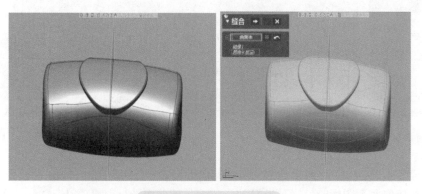

图 7-62　曲面缝合（三）

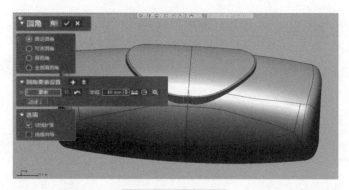

图 7-63　圆角处理

图 7-64　创建基准平面

29）单击【实体拉伸】图标 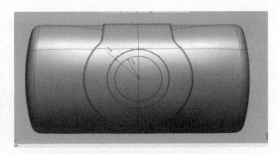，对步骤28）创建的草图进行实体拉伸，距离为12.5mm，结果运算为【合并】，如图7-66所示。

30）单击【面片草图】图标 ，基准平面选择【上】平面，拖拽细蓝色箭头，截取轮廓线，单击✅图标确认，进入【草图绘制】模式，使用【圆】命令绘制草图圆，如图7-67所示。

图 7-65 创建面片草图

31）单击【实体拉伸】图标 ，对步骤30）创建的草图进行实体拉伸，距离为20.15mm，结果运算为【合并】，如图7-68所示。

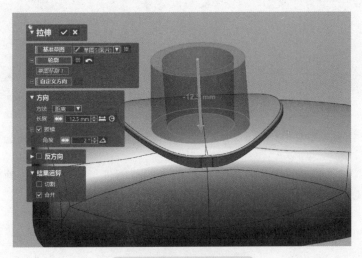

图 7-66 拉伸模型（一）

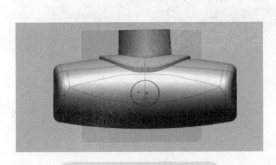

图 7-67 绘制草图圆（一）

图 7-68 拉伸模型（二）

32）单击【面片草图】图标 ，基准平面选择【指定】平面，拖拽细蓝色箭头，截取轮廓线，单击✅图标确认，进入【草图绘制】模式，使用【圆】命令绘制草图圆，如图7-69所示。

33）单击【实体拉伸】图标 ，对步骤32）创建的草图进行实体拉伸，距离为4.3mm，结果运算为【切割】，如图7-70所示。

34）单击【面片草图】图标 ，基准平面选择【右】平面，拖拽细蓝色箭头，截取轮廓线，单击✅图标确认，进入【草图绘制】模式，使用【圆】命令绘制草图圆，如图7-71所示。

35）单击【实体拉伸】图标 ，对步骤34）创建的草图进行实体拉伸，距离为6mm，结果运算为【切割】，如图7-72所示。

图 7-69　绘制草图圆（二）

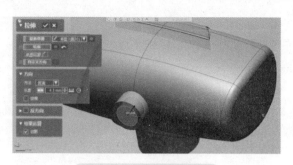

图 7-70　拉伸模型（三）

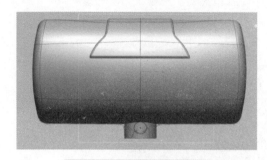

图 7-71　绘制草图圆（三）

图 7-72　拉伸模型（四）

36）单击【实体拉伸】图标 ，对步骤 34）创建的草图进行实体双向拉伸，距离分别为 4.3mm、3mm，结果运算为【合并】，如图 7-73 所示。

37）单击【面片草图】图标 ，基准平面选择【右】平面，拖拽细蓝色箭头，截取轮廓线，单击☑图标确认，进入【草图绘制】模式，使用【圆】命令绘制草图圆，如图 7-74 所示。

图 7-73　拉伸模型（五）

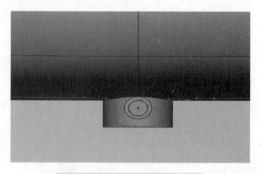

图 7-74　绘制草图圆（四）

38）单击【实体拉伸】图标 ，对步骤 37）创建的草图进行实体拉伸，距离为 5.5mm，结果运算为【切割】，如图 7-75 所示。

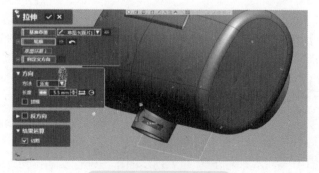

图 7-75　拉伸模型（六）

39）单击【草图】图标 ，基准平面选择【右】平面，单击 图标确认，进入【草图绘制】模式，使用【3 点圆弧】命令绘制草图，如图 7-76 所示。

40）单击【曲面拉伸】图标 ，对步骤 39）创建的草图进行曲面双向拉伸，距离分别为 -18mm、18mm，如图 7-77 所示。

41）单击【曲面偏移】图标 曲面偏移 ，分别对以下曲面进行偏移，距离为 0.5mm，如图 7-78 所示。

42）单击【剪切曲面】图标 ，对上述曲面进行相互剪切，单击 图标确认，退出剪切曲面模式，如图 7-79 所示。

图 7-76　绘制草图圆弧

图 7-77　曲面拉伸

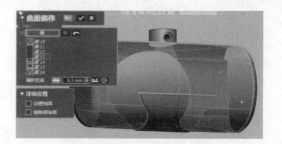

图 7-78　曲面偏移 0.5mm

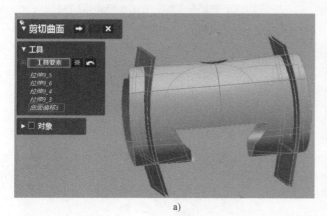

a)

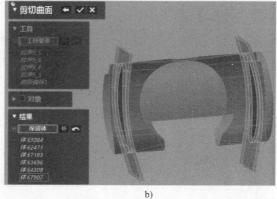

b)

图 7-79　剪切曲面（六）

43）单击【切割】图标 ，将步骤 42）剪切后的曲面作为工具要素，切割实体，如图 7-80 所示。

44）单击【平面】图标 ，方法为【偏移】，偏移距离为 24mm，创建一个基准平面，如图 7-81 所示。

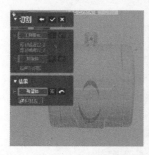

图 7-80　切割实体

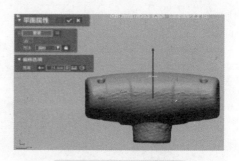

图 7-81　创建基准平面

205

45）单击【面片草图】图标 ，基准平面选择步骤44）创建的基准平面，拖拽细蓝色箭头，截取轮廓线，单击 图标确认，进入【草图绘制】模式，使用【圆】命令绘制草图圆，如图7-82所示。

46）单击【实体拉伸】图标 ，对步骤45）创建的草图进行实体拉伸，距离为17mm，结果运算为【切割】，如图7-83所示。

图7-82　草图绘制

图7-83　拉伸模型（七）

47）单击【草图】图标 ，基准平面选择【右】平面，单击 图标确认，进入【草图绘制】模式，使用【圆】命令绘制同心圆，如图7-84所示。

48）单击【实体拉伸】图标 ，对步骤47）创建的草图进行实体拉伸，距离为17mm，结果运算为【无】，如图7-85所示。

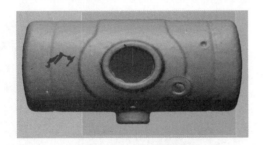

图7-84　同心圆草图绘制

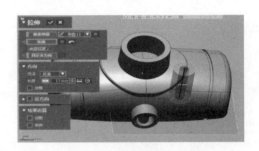

图7-85　拉伸模型（八）

49）单击【曲面偏移】图标 曲面偏移 ，分别对以下曲面进行偏移，距离为0mm，如图7-86所示。

50）单击【延长曲面】图标 延长曲面，对步骤49）偏移的曲面进行延长，距离为10mm，如图7-87所示。

51）单击【切割】图标 ，对步骤50）延长后的曲面作为工具要素，切割实体，如图7-88所示。

52）单击【布尔运算】图标 布尔运算，对上述创建的实体进行合并，如图7-89所示。

图7-86　曲面偏移

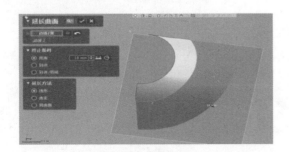

图7-87　延长曲面

图7-88　切割实体

图 7-89　合并后的模型

微课视频直通车 30：
摄像头模型导入及对齐坐标系

微课视频直通车 31：
摄像头模型领域组划分

微课视频直通车 32：
摄像头模型主体创建

微课视频直通车 33：
摄像头模型特征创建

微课视频直通车 34：
摄像头模型数字化检测

7.4　摄像头模型数字化检测

本案例主要介绍摄像头模型的数据对齐、3D 比较分析、2D 比较分析、尺寸测量、几何公差测量和报告输出。

1. 任务概述

根据提供的 CAD 模型、STL 格式文件及任务书，完成零件的三维数字化检测。

2. 检测任务和要求

根据摄像头的三维扫描数据 STL 格式文件和该产品的 CAD 模型及零件图样的 PDF 文件，进行指定尺寸的测量检测，如图 7-90 所示。

检测要求如下：

1）对已给定的某一零件多边形模型（三维扫描数据 STL 格式文件）与 CAD 数据进行最佳拟合对齐。

2）完成零件整体外观的 3D 比较偏差显示，要求临界值为 ±0.8mm，名义值为 ±0.12mm。

3）完成 A—A 截面的 2D 比较分析，使用【注释点】功能标记出截面上超出公差范围的上、下极限偏差值，各 3 处。

4）完成图样中具有公差要求的尺寸测量。

5）所有分析结果都要体现在检测报告（表 7-1）中。

3. 扫描数据比较分析

测量数据和参考数据如图 7-91 和图 7-92 所示。

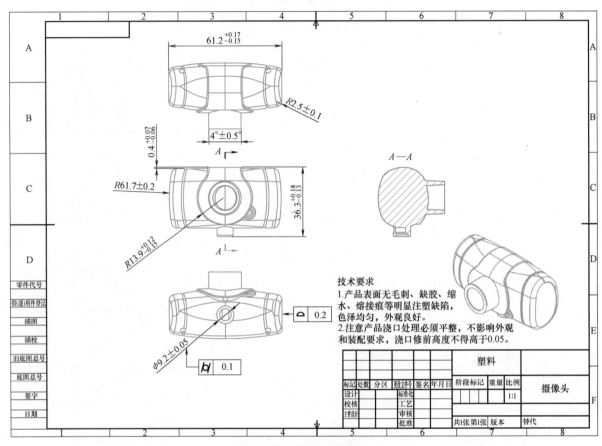

图 7-90　摄像头零件图

表 7-1　尺寸检测表　　　　　　　　　　（单位：mm）

序号	图区	直径尺寸			
		直径/长度/形位公差	公称尺寸	上极限偏差	下极限偏差
1	A3	L	61.2	0.17	−0.15
2	B3	∠	4°	0.5°	−0.5°
3	B4	R	2.5	0.1	−0.1
4	C3	L	0.4	0.07	−0.06
5	C2	R	61.7	0.2	−0.2
6	D2	R	13.9	0.12	−0.15
7	C4	L	36.3	0.18	−0.13
8	E3	φ	9.2	0.05	−0.05
9	E3	⌀	0	0.1	
10	E4	⌒	0	0.2	

图 7-91　测量数据

图 7-92　参考数据

（1）数据导入　框选【摄像头 .stl】和【摄像头 .stp】，并直接拖入软件中，如图 7-93 所示，完成数据导入（也可以单个文件导入），如图 7-94 所示。

图 7-93　导入扫描数据和参考数据

（2）测量数据与参考数据的对齐方式

1）单击【初始对齐】图标，在弹出的对话框中选择【快】，单击✅图标，完成测量数据与参考数据的初始对齐，如图 7-95 所示。

2）完成初始对齐后，单击【最佳拟合对齐】图标，设置完参数后单击✅图标，完成测量数据与参考数据的最佳拟合对齐，如图 7-96 所示。

图 7-94　扫描数据和参考数据

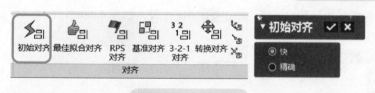

图 7-95　初始对齐

图 7-96　最佳拟合对齐

（3）3D 比较分析

1）单击【3D 比较】图标，弹出【3D 比较】对话框，选择默认参数后单击  图标进入下一步操作，如图 7-97 所示。

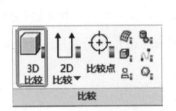

图 7-97 【3D 比较】命令

2）自动计算和显示参考值与测量值之间的形状偏差，在【显示选项】中选择【色图】，【最大范围】设置为 0.8mm，【最小范围】随【最大范围】自动变化，在【颜色面板选项】勾选【使用指定公差】并设置为 ±0.12mm，单击  完成 3D 比较操作，如图 7-98 所示。

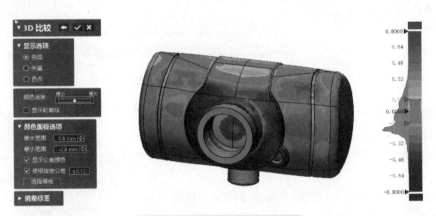

图 7-98 【3D 比较】参数设置

3）单击【比较点】图标，将光标移动至颜色偏差比较大的地方单击一下创建和显示位置偏差，注意色图颜色偏差大的地方都需要显示其偏差值，单击  完成比较，如图 7-99 所示。

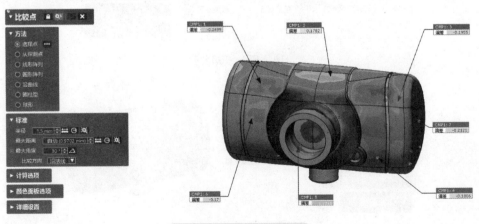

图 7-99 【比较点】命令

4）选择【自动排列】，可快速自动对齐图形窗口边界周围的位置标签，如图 7-100 所示。选择【捕捉对齐】，此状态下可手动调整标签位置。

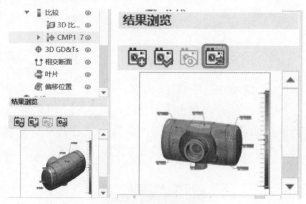

图 7-100　【自动排列】和【捕捉对齐】命令

5）在界面左侧选中【CMP1】，如果比较点显示的视角不能满足要求，可将视图摆正后，单击左下角的【更新视点】图标，重新分配视点，如图 7-101 所示。

6）重复使用【比较点】命令，直至完整显示整个摄像头的色图偏差，完成色图分析，如图 7-102 和图 7-103 所示。

（4）2D 比较分析

1）单击【2D 比较】图标，在【设置截面平面】中选择【偏移】命令，单击【基准平面】，选择【Z】平面，在【偏移距离】文本框中输入 0mm，单击 ➡ 图标进入 A—A 截面，如图 7-104 所示。

图 7-101　更新视点

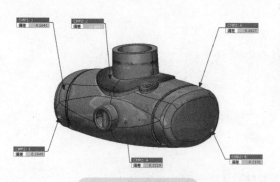

图 7-102　比较点 1

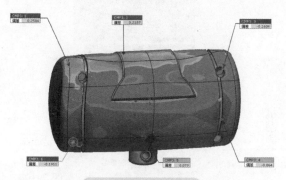

图 7-103　比较点 2

a)

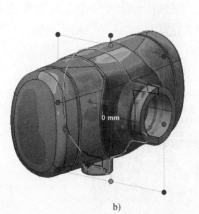

b)

图 7-104　【2D 比较】参数设置

2）显示【截面图】后，可通过使用 ⊟ 功能和 ⊡ 功能来调整视图。将光标移动至颜色偏差比较大的地方单击一下创建和显示位置偏差，注意色图颜色偏差大的地方都需要显示其偏差值（黑色线条无数据），单击 ✓ 图标完成比较，如图 7-105 所示。

211

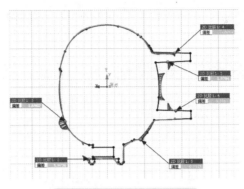

图 7-105　2D 比较截面图

（5）3D 尺寸测量

1）长度尺寸。单击【尺寸】→【3D】，模型保持处于测量 3D 尺寸状态，单击【长度尺寸】，【对象】
选择圆柱面两侧的面 1 、面 2，设置【公差】为【-0.15 ～ 0.17】、【参照】为【61.2mm】，【圆弧条件】下均
选择【最小】，单击 ✅ 图标完成长度尺寸测量，如图 7-106 所示。

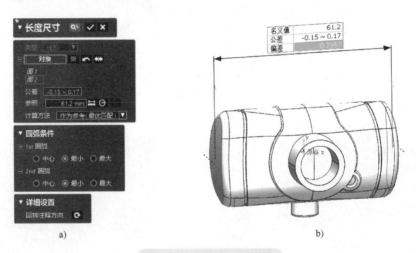

图 7-106　长度尺寸测量

2）半径尺寸。单击【半径尺寸】，【对象】选择圆柱面，设置【参照】为【13.9mm】、【公差】为
【-0.15 ～ 0.12】，单击 ✅ 图标完成半径尺寸测量，如图 7-107 所示。

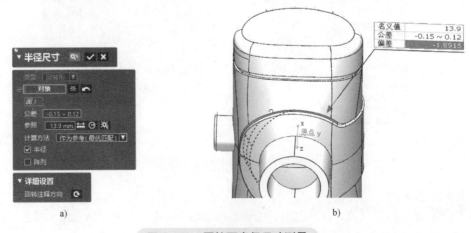

图 7-107　圆柱面半径尺寸测量

单击【半径尺寸】，【对象】选择圆柱面后，设置【参照】为【9.2mm】、【公差】为【±0.05】，不勾选【半径】，单击 ✅ 图标完成直径尺寸测量，如图 7-108 所示。

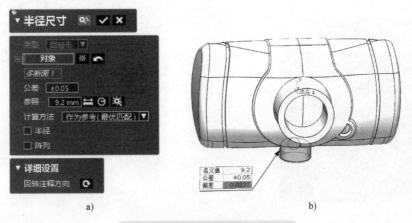

图 7-108 圆柱面直径尺寸测量

（6）2D 尺寸测量

1）评价尺寸 4、5、7。

① 单击【尺寸】选项卡，选择【2D】，模型保持处于测量 2D 尺寸状态，单击【+添加截面】图标，进入创建【相交断面】界面。

② 在【相交断面】窗口的【设置截面平面】选项中选择【偏移】，单击【基准平面】，选择【X】平面，在【偏移距离】文本框中输入 0mm，如图 7-109 所示。

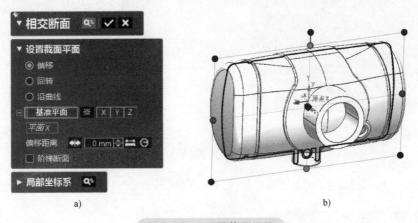

图 7-109 设置截面平面

③ 单击 ✅ 图标完成横截面的创建并进入 2D 截面界面，如图 7-110 所示。

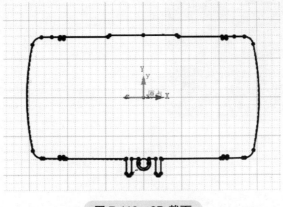

图 7-110 2D 截面

④ 单击【半径尺寸】，对象选择【断面边线 1】，设置【公差】为【±0.2】、【参照】为【61.7mm】。单击✓图标完成半径尺寸测量，如图 7-111 所示。

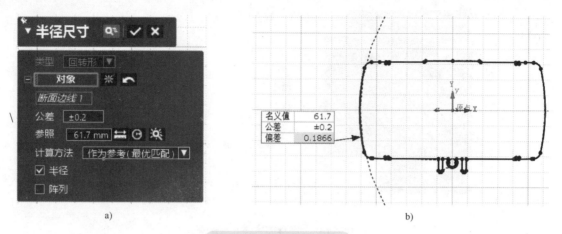

图 7-111　半径尺寸评价

⑤ 单击【长度尺寸】，按图 7-112 所示选择对象，设置【公差】为【-0.06～0.07】、【参照】为【0.4mm】，单击✓图标完成长度尺寸测量。

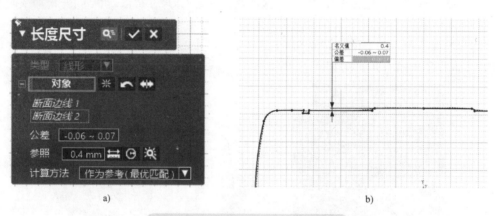

图 7-112　长度尺寸（0.4mm）评价

⑥ 与上述方法一致，完成图 7-113 所示的长度尺寸评价。

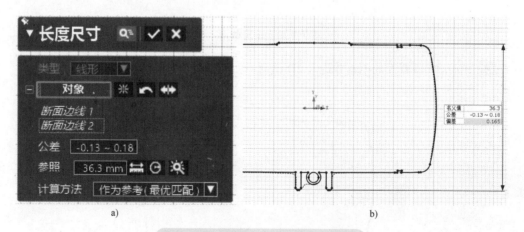

图 7-113　长度尺寸（36.3mm）评价

2）评价尺寸 2、3。

① 单击【尺寸】选项卡，选择【2D】，模型保持处于测量 2D 尺寸状态，单击【＋添加截面】，进入创

建【相交断面】界面。

② 在【相交断面】的【设置截面平面】中选择【偏移】,单击【基准平面】,选择【Y】平面,在【偏移距离】文本框中输入 0mm,如图 7-114 所示。

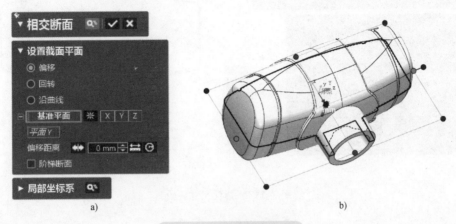

图 7-114　设置截面平面

③ 单击 ✅ 图标完成横截面的创建并进入 2D 截面界面,如图 7-115 所示。

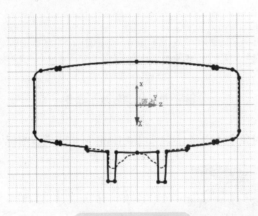

图 7-115　2D 截面

④ 单击【半径尺寸】,按图 7-116 所示选择对象,设置【公差】为【±0.1】,【参照】为【2.5mm】,单击 ✅ 图标完成半径尺寸测量。

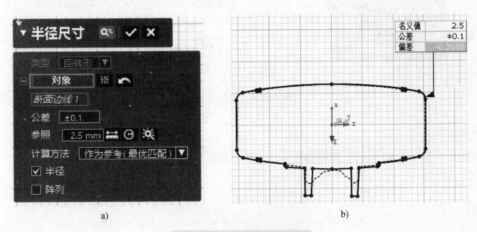

图 7-116　半径尺寸评价

⑤ 单击【角度尺寸】,按图 7-117 所示选择对象,设置【公差】为【±0.5】,【参照】为【4°】。单击 ✅

图标完成角度尺寸测量。

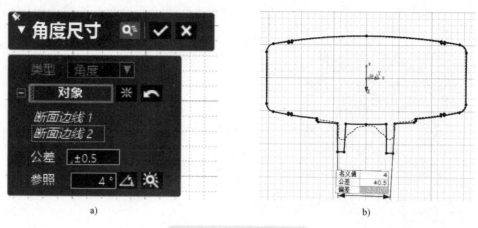

图 7-117　角度尺寸评价

（7）几何公差评价

1）圆柱度评价。

① 单击【尺寸】→【3D】→【圆柱度】，如图 7-118 所示，弹出【圆柱度】窗口中。

图 7-118　【圆柱度】命令

② 按图 7-119 所示选择【对象】，【公差】输入【0.1mm】，单击✔图标完成圆柱度评价。

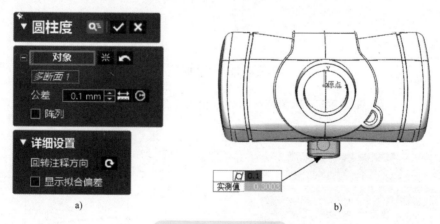

图 7-119　圆柱度评价

2）面轮廓度评价。

① 单击【尺寸】→【3D】→【面轮廓度】，如图 7-120 所示，弹出【面轮廓度】窗口。

图 7-120　【面轮廓度】命令

② 按图 7-121 所示选择【对象】,【公差】输入【0.2mm】, 单击 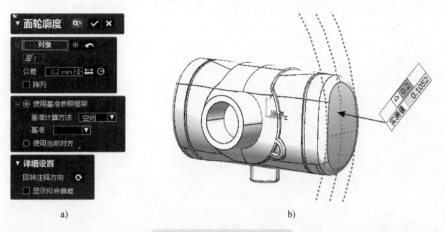 图标完成面轮廓度评价。

a)   b)

图 7-121 面轮廓度评价

（8）报告生成与保存 单击【生成报告】图标, 弹出【创建报告】对话框, 单击【生成】按钮, 系统自动生成之前所有操作的检测数据报告, 如图 7-122 所示。

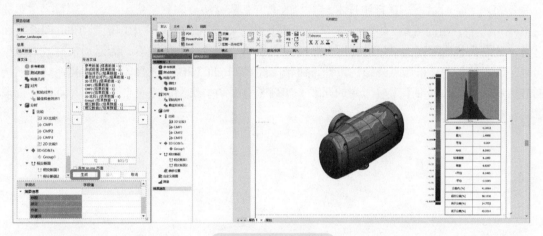

图 7-122 生成报告

在【文件】选项卡的【默认】组中单击【PDF】以 PDF 格式文件输出生成的报告, 选择指定的文件夹目录, 单击【保存】按钮, 如图 7-123 所示。

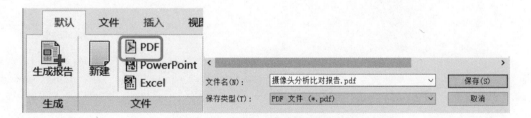

图 7-123 保存为 PDF 格式文件

小结

本项目以摄像头模型及其支架模型为例, 设计符合 3D 打印工艺要求的装配结构, 主要以夹紧基座夹紧显示器, 连接杆与摄像头插紧装配, 连接杆与夹紧基座进行连接, 夹紧位具有夹紧作用且可旋转 360°, 以便调节视频角度；对摄像头进行数据采集、数据处理后，完成摄像头的逆向模型重构，最后对原始模型与逆向模型进行三维数据对比检测，实现摄像头模型整体结构的设计与数字化检测。

课后练习与思考

1. 你能想到其他的摄像头支架设计方案吗？
2. 摄像头的三维数据采集需要注意哪些问题？

素养园地

增材制造模型设计是一项综合性设计技术，包括正向设计、数据采集与处理、模型重构、模型渲染与动画、数字化检测等工作，任务量大，工作过程中要具有认真、细心的学习态度和精益求精的工匠精神，以确保设计的合理性和成果完成度好。

在国家体育总局的组织下，东莞理工学院 3D 打印与智能制造研究中心（李楠副教授团队）携手思看科技，综合 3D 扫描—设计—3D 打印技术，参与国家雪车队运动员头盔装备定制研究项目。雪车的平均时速在 100km 左右，最高可达 160km，素来有"冰上 F1"之称。头盔采用中国航天 T800 碳纤维和纯碳纤维材料，最终头盔质量比上一代的赛用头盔减少了 500g，仅为 1100g 左右，为运动员有效地减少了负重。同时，头盔的缓冲层采用点阵结构设计，由华曙高科 Flight TPU 工艺打印制成的拓扑蜂窝结构防护系统创造性地解决了头部细节发生形变的问题，实现了对运动员头型的完美自适应，并且能够带来极高的热量流通效率。

增材制造模型设计职业技能标准
（设计部分）（高级）

附表　增材制造模型设计职业技能标准（设计部分）（高级）

工作领域	工作任务	职业技能要求	
1. 三维建模与结构优化	1.1　结构设计	1.1.1	能按照标准化、系列化、通用化进行产品设计
		1.1.2	能按照结构工艺性、可靠性、经济性进行结构优化设计
		1.1.3	能计算结构强度、刚度，校核零部件强度
		1.1.4	能根据产品要求进行创新设计，优化产品结构
	1.2　拓扑优化	1.2.1	能对模型进行修复并进行轻量化改进
		1.2.2	能进行典型零件的拓扑优化
		1.2.3	能对拓扑优化后的模型进行修复
		1.2.4	能对优化后的模型进行分析并生成优化报告
	1.3　结构分析优化	1.3.1	能运用三维仿真软件进行初步的有限元分析
		1.3.2	能运用软件完成产品结构强度计算
		1.3.3	能运用软件完成产品结构缺陷预测
		1.3.4	能运用软件完成产品结构仿真优化等，并生成相关报告
2. 三维逆向设计	2.1　数据模型重构	2.1.1	能手动操作三维扫描仪对未扫描到的位置进行补扫描
		2.1.2	能对数据进行简化三角网格、松弛、填充孔、去除特征，得到重构的三维模型
		2.1.3	能用主流三维设计软件对扫描数据进行模型重构
		2.1.4	能对三维模型进行高级仿真，能对三维模型进行可视化、制作动画及渲染处理
	2.2　数据对比及检测报告	2.2.1	能运用软件对扫描数据及原始数据进行比较分析
		2.2.2	能运用软件生成检测报告
		2.2.3	能对检测报告进行分析

参 考 文 献

［1］ 王建华，刘春媛. 产品设计基础［M］. 北京：电子工业出版社，2014.

［2］ 陈立周，俞必强. 机械优化设计方法［M］. 4 版. 北京：冶金工业出版社，2014.

［3］ 王新荣. ANSYS 有限元基础教程［M］. 3 版. 北京：电子工业出版社，2011.

［4］ 彭炎武，李永彬. 船舶结构优化设计方法及应用实践［J］. 船舶物资与市场. 2021，2(29)：61-62.

［5］ 刘然慧，刘纪敏，等. 3D 打印：Geomagic Design X 逆向建模设计实用教程［M］. 北京：化学工业出版社，2017.

［6］ 杨晓雪，闫学文. Geomagic Design X 三维建模案例教程［M］. 北京：机械工业出版社，2016.